中西服发展史

韩江红 ◎ 著

吉林出版集团股份有限公司

图书在版编目（CIP）数据

中西服发展史 / 韩江红著. — 长春 : 吉林出版集团股份有限公司, 2022.9

ISBN 978-7-5731-1972-8

Ⅰ. ①中… Ⅱ. ①韩… Ⅲ. ①服装—历史—世界 Ⅳ. ①TS941.74

中国版本图书馆 CIP 数据核字 (2022) 第 157460 号

中西服发展史

著　　者 韩江红
责任编辑 滕　林
封面设计 林　吉
开　　本 787mm×1092mm　1/16
字　　数 210 千
印　　张 9.5
版　　次 2022 年 9 月第 1 版
印　　次 2022 年 9 月第 1 次印刷

出版发行 吉林出版集团股份有限公司
电　　话 总编办：010-63109269
发行部：010-63109269
印　　刷 北京宝莲鸿图科技有限公司

ISBN 978-7-5731-1972-8　　定价：68.00 元

前　言

在中国历史文化发展长河中，因儒家之道和中庸思想的影响，所以中国服饰着装形式上也被重重地打上了儒家烙印，逐步形成了稳健、自然、和平、和谐等特点，而西方文化则强调主客观世界分离，主观为我，客观为物，表现出一种理性、科学性、追求自然法则探讨真理的规律，被认为是人体艺术的重要组成部分，因此其重在追求立体剪裁、注重试缝，在最大限度上追求合体，讲究外轮廓线，更多地体现丰富性、创新性，使服装成为科学性和艺术性的综合反映。由此我们不难看出中西服装在审美思维、服装形式色彩和服装文化上都具有一定的差异，正是这种差异造就了服饰文化的多元化。

从以上分析中可以看出，中西方文化由于多种因素的影响，在服装文化审美过程中具有较大的差异。但是随着世界经济的发展，东西方服饰已呈现出相互交融、东风西渐、洋为中用的现象。譬如当代中国传统服装中的诸多改良设计，正是东西方服饰融合的有力证明，而西方很多著名设计师更是将中国的东方服饰文化运用到作品设计中。但总体来说当今的服饰设计所要表现的时代气韵就是把东西方不同的哲学与美学观念通过不同的韵味互补地强化，既要继承传统，也要追求创新，最终能够实现中西服饰审美文化的学习与交流。

为了提升本书的学术性与严谨性，在撰写过程中，笔者查阅了大量的文献资料，引用了诸多专家学者的研究成果，因篇幅有限，不能一一列举，在此一并表示最诚挚的感谢。由于时间仓促，加之笔者水平有限，在撰写过程中难免出现不足之处，希望各位读者不吝赐教，提出宝贵的意见，以便笔者在今后的学习中加以改进。

目　录

第一章　先秦服饰

第一节　原始、夏商服饰

一、原始服饰

（一）原始服饰的起源

服饰是人类社会发展到一定历史阶段的产物，是人类文明生活的重要内容。服饰是人类衣、住、行、食必不可少的一部分，也是区别于其他动物的显著标志。服饰的起源经历的过程与人类出现的过程是同步的。在一千万年以前，猿的一支——腊玛古猿开始了向人类演化的路程，后来人的祖先南猿才从古猿中分化出来。从南猿向现代人的演化过程中，猿的演化逐渐退化和消失，人的特征日渐明显，猿的生活习性的改变使其御寒、选择栖息之地的能力降低或受到很大程度的限制，人们开始用树叶草葛遮身，后来逐渐知道"搴木茹皮以御风霜，绹发冒首以去灵雨"，才开始用狩猎所得的兽皮、羽毛来裹身御寒。《礼记・王制》称：东方曰史，披发文身；南方曰蛮，雕题交趾；西方曰戎，披发衣皮；北方曰狄，衣羽穴居。这也就是人类向服饰迈出的第一步，也是服饰最初产生的原因。

服饰有种说法源于"遮羞说"。人是从猿演变过来的，原始人的性关系在很长的一段时间里与动物一样乱性和群居。当时的原始人知母不知父滥交十分流行，这种关系导致了近亲繁殖，低能儿众多，寿命特短疾病众多。由于人类的不断发展，逐渐意识到群婚、乱婚的危害性。后来就有了禁止兄弟姐妹之间、母子之间、父女之间以及一切母系亲族之间的性行为，从精神文明方面来看，这也是伦理道德的起源。之后原始人为了减少相互间的性诱惑、防止性冲动，便想到了用于防寒的服饰进行遮体。因为防寒的需要在时间上具有一定的时间性，寒冷的季节一旦过去，服饰也就不需要了，而从整体的需要来说，服饰便成了生活中必不可少的物质条件。

（二）原始服饰文化的产生

人类在从猿向人转变初期，服饰在形式上没有什么标准，具有很大的随意性。如《白虎通》中记载："太古之时，衣皮苇，能覆前而不能覆后。"进入仰韶文化时，由于原始农业的出现和发展，纺织业开始发展。如《商君书·划策》中所说："神农之世，男耕而食，妇织而衣。"纺织的出现在人类社会发展史上占有相当重要的地位，它意味着人类告别了"茹毛饮血"的过去，开始进入原始文明社会。《易·系辞下》中记载："黄帝尧舜垂衣裳而治开下，盖取之'乾坤'，乾坤有文，故上衣玄，下裳黄……"此句中的天下治指原始社会的人与人之间活动是有秩序的进行，因而天下治，此时已不再像以前那样随意披着一件无任何形式的衣服。按照《周易》的解释，乾为天，坤为地，天在未明时为玄色，地为黄色，因而上衣象征着天而服色为玄色，下裳象征着地而为黄色，从这里体现出了在服饰上对天地的崇拜的文化特点。

（三）原始服饰文化的造型特点

原始社会时期的"交领、右衽、系带"的服饰造型，其下装为"裳"。在古代，裳即为"常"字。按照说文解字的解释，"常"为"下帬也"。而"帬"又为"裙"之意，意为保护下体的衣服。刘熙《释名》说："裳，障也，所以自障蔽也。"《易·乾凿度》郑玄注："古者田渔而食，而衣其皮，先知蔽前，后知蔽后，后王易之以布帛，而独存其蔽前者。"这蔽前蔽后的布幅连成一体，即是下裳的起源。甘肃出土的辛店期距今约5000多年前的彩陶器皿上，有放牧者身穿上衣下裳相连、长过于膝、腰间束带的衣裳图形，可以认定为原始服饰文化的典型特点为"交领、右衽、系带"的直线构成的服装形式。这种服装造型结构简单，易于裁剪缝制，以系带固定服装。上衣的门襟向右偏斜，左、右衣襟穿着时相交，故称"交领右衽"。后来这种服饰文化从中原地区流传到西南等少数民族地区，如今的西南少数民族服饰基本特征仍有原始时代服饰的文化风格。

西安半坡出土的彩陶盆上所画的人面鱼纹，多数是戴有尖顶高冠，冠缘及左右底侧有装饰物，左右底侧对称外展并向上弯翘的两枝冠翅，使冠帽呈现出庄严感，显现出空间气势。

（四）原始服饰的服色特征

新石器时代，随着"彩陶"的出现，给原始服饰文化在色彩上增加了不少新内容。《虞书·益稷》中记载："予观古人之象，日月星辰，以五彩彰施于五色作服。"传说中的古代先民们观察了天地间的万物，将自然界的形态、色彩进行艺术加工并施之于服饰上，这可以看出先民们对自然美的反映和追求。

从现有出土文物来看，距今两万年左右，原始的先民们北京山顶洞人就特别钟情于红色。红色在原始先民们眼中不仅仅是一种审美，更多的是一种社会的巫术礼仪，也就是远古的图腾标志。山顶洞人已出现了很均匀、规整还有磨制光滑、钻孔、刻纹的骨器和许多现在所谓的装饰品，大部分的装饰品中间都穿有小孔。穿孔的牙齿是由齿根的两侧对挖穿通齿腔而成的，几乎大部分的装饰品穿孔都是红色。在人的尸体周围撒上赤铁矿粉，如在躯干骨下放有赤铁矿粉粒和装饰品、石器等等，而大多数的装饰品和石器都染成了红色。到新石器时代，在尸体上涂画红色的图案或是撒上红色的粉粒那更为流行，如在死者前额上涂着大片红色的颜料，有的是在葬具或是随葬品上染成红色，有些在墓地的棺椁底部涂上红色。考古发现，有很多的小石块上面都有很多的红色线条。在仰韶文化时期或是早期的制陶文化中，早期的大部分彩陶在饮食器具的口沿涂上一整圈红色的带纹和弦纹纹样。这些上色方式是用最简单的涂染方法将矿石粉碎研末后用水调和涂在器物上形成条纹或图案。李泽厚在《美的历程》中说道：原始人喜欢用红色来装饰身体已远远不止是对鲜明强烈的红色的动物性的生理反应，而是开始社会性的巫术礼仪的符号意义。从某种意义上来说，红色诉诸当时的远古人群不仅仅是感官的愉快，更多的是蕴含着特定的社会内容和当时人类的意识形态，即包含着宗教、艺术审美等在内的巫术礼仪等图腾活动。

结束语：自从原始服饰出现后，随着人类社会的不断发展，人类生活意识的不断改进，服饰在造型特点、制作工艺、制作材料和社会功能方面都在不断地改进，也赋予了它更多的社会含义。特别是服饰在颜色出现后，为后世服饰的完整功能已臻完成。于是服饰在保暖、护身等最基本的实用需要的基础上，开始向阶层、地位等标志发展做了很好的铺垫。原始时期的服饰文化在中国服饰历史上翻开了很重要的首页，正因如此才有了后面一幅幅绚丽的画面无不闪烁着原始服饰文化的光彩，才形成了最具东方民族特色的中国服饰。它的影响深远，在中国服饰史上占有非常重要的地位，同时在世界服饰史上也占有举足轻重的作用。

二、夏商服饰

（一）服饰品类的划分

1. 夏代服饰品类

服饰品类是就服饰及其饰品材料而言，涉及其来源的难易、质地的贵贱、制作的精粗、形制的新旧、种类的多寡、组合的繁简、品第的高低，以及穿戴佩挂者身份地位的尊卑和所服之意义。

这种服饰品类的两分现象，是随着社会的贫富分化和阶级对立的加剧而出现的，并逐渐制度化。早在夏代立国之前，这种现象当已存在。《尧典》有“舜修五礼，五玉三帛”之说。《盐铁论・散不足》有谓：“及虞夏之后，盖表布内丝，骨笄象珥，封君夫人加锦尚褧。”若从历史宏观发展场景论，多少对服饰形态两分的演进趋势是有所揭示的，将其加剧的分水岭定到夏代以前，也是符合事实，可以成立的。

借服饰品类以序等级尊卑，在夏代进一步深化。文献中有不少这方面的传闻。《说苑》称禹“土阶三等，衣裳细布。”《史记・五帝本纪》言：“禹践天子位，尧子丹朱、舜子商均皆有疆土，以奉先祀，服其服，礼乐如之。”《山海经・海外西经》谓夏后启：“左手操翳，右手操环，佩玉璜。”《左传・僖公二十七年》引《夏书》称夏代“明试以功，车服以庸”，以车马及服饰品类示有功者的尊贵宠荣。

服饰品类的两分现象，在考古发掘中并不鲜见。晋南襄汾陶寺遗址，据探索年代测定数据，上限约当公元前 25 世纪，下限在公元前 20 世纪左右，前后延续约 500 多年，中晚期已进入夏代纪年范围。发现的1000多座墓葬，绝大多数为小型墓，无随葬品。

相反，约占总墓数13%的大、中型墓，随葬品十分丰富，墓主骨架有衣装和饰品遗存。一座编号为1650号的中型墓，男性墓主仰身直体，平置于厚约1厘米的网状麻类编织物上，周身裹以平纹织物，上体白色，下体灰色，足部橙黄色，织物外遍撒朱砂，骨架上又覆盖麻类编织物，反复折叠成10～12层，直到棺口盖板，棺盖上又覆麻类编织物一层。可见墓主衣服之众多与华贵鲜然，“服其服”而显示其生前身份之显尊。

陶寺遗址的一些大、中型墓，墓主的人体饰品种类均相当高级，有的头佩玉梳、石梳，有的臂戴精工镶嵌绿松石和蚌片的饰物，有的佩戴玉臂环或玉琮，腹部挂置玉瑗、玉钺等。有一座202号墓，墓主颈部戴着项链数圈，共用了1164枚细工制成的骨环。显而易见，当时统治阶级权贵人士的服饰饰品，论其质地、做工、形制组合，是一般族众或奴隶绝难奢望的，其反映的品第大概也有内在的等次之序，可能容或有表示权力大小的细微区分。

服饰品类的等次之分，在河南偃师二里头遗址的考古发掘中也有其揭示。1980年发现的一座4号墓，虽曾遭盗掘，仍出有200余件绿松石管和绿松石片的饰品，墓主身份当为高级贵族。1981年发掘的一座出有漆鼓的4号高级权贵墓，墓主颈部佩戴2件精工磨制的绿松石管串饰，胸前有一件镶嵌绿松石片的精致铜兽面牌饰，背面黏附着麻布纹，可能原先是衣服上的华饰，又起有表示显赫身份的象征。

中等贵族的服饰没有兽面铜牌饰的饰品，但一般较注重于颈胸部的装饰。1981年发掘的一座贵族墓，出有一串87枚绿松石穿珠项链。1984年在一座随葬铜爵等物的6号墓内，也发现过这类项链，绿松石串珠达150枚。

但一般贵族，其持有的人体装饰品就大为逊色了。如1981年发现的一座漆棺3号小型墓，仅在墓主头部有一件用于束发的骨笄。至于大量的平民墓，则难得有饰品出土。

1987年偃师二里头遗址发掘的56座墓葬，绝大多数无饰品，而少数出饰品的墓葬，可见到以下几类现象，一类饰品为镶嵌绿松石片的兽面铜牌饰，一类饰品是绿松石串成的项链，一类是绿松石与陶珠镶嵌的项链，一类是陶珠项链，一类是贝壳串饰。表明在国民之上，贵族成员的身份地位不同，服饰品类确有其分的。

2. 商代服饰品类

商代物质生活资料的丰富远逾夏代，大大助长了贵族服饰的奢靡之风，服饰的礼仪制度也相应承前代而继往开来，得到深层次的确立。《帝诰》称商汤居亳，“施章乃服明上下”“未命为士者，不得朱轩、骈马、衣文绣”。《逸周书·周月解》言“其在商汤……变服殊号”。《商颂·长发》“受小球大球，为下国缀旒”，言汤赐下国之主冠冕串饰。《史记·殷本纪》谓汤“易服色，上白”。《逸周书·世俘解》记商王帝辛临亡之前，犹“取天智玉琰五，环身厚以自焚”。从衣着的质地、款式、色彩，乃至佩戴饰品，无不构成商代等级制服饰的基本要素。

就殷墟王邑的考古发现而言，当时政治身份和社会地位不同者，所享服饰品类的质和量，差别极为显著。

以代表王妃一级的妇好墓为例，出土的玉类装饰品多达426件，品种相当复杂，有用作佩戴或镶嵌的饰品，有用作头饰的笄，有镯类的臂腕饰品，有衣服上的坠饰，有珠管项链，还有圆箍形饰和杂饰等等。饰品的造型有龙、虎、熊、象、马、牛、羊、犬、猴、兔、凤、鹤、鹰、鸱鸮、鹦鹉、鸟、鸽、鸬鹚、燕、鹅、怪禽、鱼、蛙、鳖、蝉、螳螂和龟等27种，走兽飞禽虫鱼，陆上空中水生动物均俱，精美至极。玉料有青玉、白玉、籽玉、青白玉、墨玉、黄玉、糖玉等。自原始时期玉雕动物形象的人体装饰品之出，至此可谓臻如一集大成而又呈全新面貌的繁华境地。另外还有琮、圭、璧、环、瑗、璜、玦等175件礼仪性质的玉饰品，47件绿晶、玛瑙、绿松石、孔雀石等宝石类饰品，499件骨笄，以及数十件骨雕和蚌饰。还应注意，有28件玉笄集中出自棺内北端，疑是原先插在华冠上的饰品。墓中又出铜镜4面，玉梳2秉，用于干净耳的玉耳勺2件，可见墓主生前是极注重梳妆打扮的。

代表商代王室上层贵显一级的服饰品类，可以1977年小屯北地发现的18号属5套觚爵等的墓为例，墓主头上有排列齐整、相互叠压的骨笄25件，玉笄2件，呈椭圆形，原先是插在一高冠上的饰品，玉笄一件插在中部，一件插在右侧。冠上笄数稍少于妇好之冠，彼以玉笄为主，此则以骨笄为主，当为级别之异。墓主头部还满布细小绿松石片饰，不知是否为冠上镶嵌物。墓主左手边有圆箍形玉饰，右腰侧有玉戚、柄形饰等。还出有玉耳勺一件，也少于妇好墓。

代表中等权贵一级的有1984年殷墟戚家庄269号墓，为3套觚爵等列墓。出有大型丝织彩绘帷帐，织物经纬细密，绘有兽面纹图案，镶以小圆骨泡纹，图案红色施底，间敷黄黑色。帷帐原盖在椁顶和二层台上。墓主耳部佩玉玦，颈胸部有骨管、玉虎、玉璜、玉螳螂和柄形饰，较偏重于上体装饰。代表一般贵族的服饰品类，可参见以下几座2套觚爵等系列墓的考古发现。殷墟西区M222，椁顶和二层台上也满铺了彩绘画幔。1959年大司空村发掘的101号墓，出有较粗的麻布花土，白黄色相间，上用黑色线条绘以兽面花纹。1986年同地发掘的25号墓，出有铜镜1面，装饰品有玉环21柄形饰2、玉管1、玉璜1、怪形玉饰1。另在所出铜戈上发现附有红黑色相间彩绘织物印痕。大体直接或间接地揭示了这一社会阶层的衣着状况和人体饰品。

殷墟西区M1052一座出土一套铅觚爵的墓葬发现材料，有助于了解当时末流贵族或上层平民的服饰状况。人架上有数层彩绘布，厚3～4毫米，上绘蝉形图案，以红色为底，黑线勾勒，填以白黄色。其色调同于上一类墓中织物，唯彼为兽面花纹，两者有差别，可能表示了品第高低的意义。

商代还有大量中层以下的平民墓葬，一般有棺，或随葬陶器数件，有的人架附有质粗色单的织物痕，有装饰品者也无非是质地低贱的水产生物介壳之类。如殷墟苗圃北地PNM56，人架头顶有黑色织物痕；PNM103人架腰部亦有织物痕，又有蛤蜊壳2个。殷墟西区M450，出有穿孔螺1872个，实称得上这一社会阶层中服饰之姣者了。殷墟一般居址常见的是骨笄、蚌、牙饰品。安阳后冈59AHGH10人祭坑所见，对于了解商末宏观社会服饰状况颇具意义。坑内凡73个个体，分埋三层，中、壮、青年男女及儿童均有，部分人架上发现附有平纹丝织物及粗麻布。有10人头上施骨笄，男女均见，插笄法不一，有的自前向后插于头顶，有的自上而下或自下而上或自右而左插于脑后，也有的自下而上插于右耳上方，表明了不同的束发施笄形式。从人体装饰品方面来看，一成年男性佩戴一串由玉珠、玛瑙珠和蚌片串成的项链，足端有穿孔花骨饰物一件。另一青年男性头下有贝两串，每串10枚。还有一人左腕戴贝45枚一串，颈胸部垂挂贝两串，分别为40和35枚。有一青年右臂佩一玉璜，右腕有一玉鱼。一位儿童的颈部戴有玉珠、玉鱼各一。疑这是一支弱小族氏或父系大家族组织，其成员的辈分年龄或族内身份不同，在服饰上也有若干差别。

商代各地遗址所见，服饰品类的等级之分亦甚显明，且各具地方特色。河北藁城台西遗址，在112座墓葬中，出土人体装饰品的仅有18座，占16.07%。其中112号墓的墓底有黑红色污泥状衣衾残迹，随葬铜觚上附粘着丝织物痕迹。墓主身侧及腰间饰物有铜泡12、玉璇玑1、玉佩饰1。一座79号的一套觚爵等列墓，墓主腹部有644枚骨串饰及一个铜纽扣。但有一现象应注意，台西遗址往往是凡墓中有殉葬人为女性者，墓主所饰一般均远逊于殉葬人；凡殉葬人为男性，一般均无佩戴饰物；而墓主饰物则丰富。如14号墓，殉葬的青年女子头插骨笄，胸前有蛤壳饰物，男性墓主无所饰物，只持有兵器和铜礼器。

102号墓殉葬人胸前有骨串饰23枚，头顶骨等一丛19枚，男性墓主仅玉笄1枚。85号墓男性墓主颈部有玉石嵌饰和柄形玉饰，胸侧有圭形石饰，右手边有人面形玉饰，而男性殉葬人毫无饰品。另外不少出一套觚爵的墓葬，有兵器而无装饰品。由此看来，本地贵族武士重兵不重打扮，其妻妾好事修饰。这颇类似于《礼记·少仪》中讲的“君子之衣服，服剑乘马”之风气。商代北方及西北方的部落方国贵族好以金饰品为人体美饰。北京平谷刘家河一商代中期墓葬，出有金笄、金耳环及金臂钏一对，另又有铜人面饰、铜蟾蜍和蛙形铜泡，玉石饰品有璜、绿松石串珠等。河北卢龙县东闬各庄一商代晚期墓葬也出有一对金臂钏，形制与上一对全同，圆环形，缺口做扁平扇面状，唯直径稍小。

商代西北地区的贵族中还流行一种金珥饰，做圆弧片状，一端做螺旋形，另一端做窄长丝状，有的上穿一绿松石珠子，一般出于人头骨两侧，常以偶数出现。如陕西清涧解沟寺墕一墓出有6件，与之隔黄河相望的晋西永和下辛角一墓出有一对。与永和相邻的石楼县后兰家沟、桃花庄和洪洞县上村商代墓中，都曾出土过这种金珥饰，前一墓还有玉璧、璜等佩饰；中一墓的墓主头部又发现一带状金饰片。在晋北保德林遮峪发现的一座商代墓，墓主胸前有两件金弓形饰，又有一种由6根金丝组成的波形饰品，其颈胸部又有珠管串饰，共18枚，用琥珀、绿松石、玉、骨等材料制成。还有石琮两件，似为腕饰。可见商代西北地区的服饰品类，与商代北方地区有若干类似点，也有不同点，其金饰品主要装饰于人体的头部、耳部或颈胸部位，工艺造型奇特，尚未见有用于首饰或臂饰者。不过，商代西北地区方国权贵的服饰品类，与商都王室贵显所服，有许多共同之处。如汾河东灵石旌介两座10爵4觚等列的方国君主墓，一座出有玉佩饰品鸟、鱼、璜、管等，另一座内玉佩饰品有鹿、兔、虎、蝉、蚕、鸟、燕、璧，以及骨雕蝉形饰等。

这些造型的人体装饰品，均为殷墟王邑所常见。唯服饰的等级之别，在商代方国贵族阶层中也俨然存在。灵石旌介另一座3爵1觚等列贵族墓内，饰品不是玉类，而是蚌饰为主，40余片，有圆形、长条形、曲尺形、璜形等，个别蚌饰边缘涂红色线条，有的刻有沟槽，显然服饰品类不及上两墓。商代东部地区服饰品类，与商王邑所见，一致性最为明显。如山东益都苏埠屯一座四墓道的方国君主墓，人体装饰品材料有玉、石、骨料等，颈饰中有一组玉石管串饰15件，另又有玉鱼、玉琮、玉玦、绿松石饰、圆形骨饰等，还有用于净耳的骨耳勺。这些在殷墟妇好墓均有所见，唯质地制作更趋上乘，如一组17件玉石管串饰，色泽黄、绿、白并俱，表面均抛光，极美观；耳勺亦有，共两件，为玉制，也比上述骨耳勺高级，这又表明，东部和中原王朝的高级权贵人士中皆有净耳的尚好。

长江中游商代南方地区方国高级权贵的服饰品类，既有土著风格，又有吸收自多方的因素。江西新干大洋洲发现的一座大型商代墓，出玉饰品达1072件，玉料有新疆和田玉、陕西蓝田洛翡玉、辽宁岫玉、河南密玉及南阳独山玉、浙江青田玉，还有产于本地区湖北郧县竹山的绿松石等。其中玉璜的胸饰、笄形坠饰、玉饰腰带等，在史前时期主要流行于长江下游东南地区；项链自史前至夏商一直盛行于黄河流域中原地区，而为本地所鲜见，但此墓却出有一串，由16件独山玉饰品串成，表明了服饰的种种外来成分。不过许多环形类饰品，如手镯、环、璧、琮等，恐怕基本承自本地史前人体装饰品的主流而更趋华贵化，有2件高纯度水晶套圈，大小相叠，形制相同，实为罕见，值得注意的是，有一件玛瑙蹲居侧身人形饰品，出土于项链顶端右侧，与殷墟妇好墓所见几件浮雕人形玉饰极为相似，两者均有帽冠，身上似穿华服，带臂环，所不同的是此件冠后附有链环，还带腕环两个，衣纹为羽翼，颇类《山海经·海外南经》说的："羽民国在其东南，其为人长头，身生羽。"此当本之实际服饰形态的升华，说明商代南方地区贵族的服饰，在维持和发扬地方风格的同时，又充分吸收了各方的因素，还特别受有来自中原王朝的政治影响。

总之，夏商服饰品类，无论在中原地区，抑或在各地诸侯方国领域，均深蕴着等级制的"礼"内容，围绕着各自所由来已久的服饰群体性不断组合分化，形成各自不同的服饰层次。基于礼制的生成，王朝、诸侯方国领地，统治者为追求服饰系列的等次和级高，已着意于规范"齐衣服"之制的各自带有相对封闭性的服饰政治环境和服饰地域俗约，并有意无意纳取周围外界因素，当然这也进一步促成了服饰等级制的深化。

3. 夏商衣料质地

夏商服饰的衣料质地，文献传闻中多有所云，如《说苑》言禹时有"衣裳细布"。《盐铁论·力耕》称"桀女乐充宫室，文绣衣裳"。《帝诰》称商汤时贵族成员可得"衣文绣"。《帝王世纪》谓商末王"纣不能服短褐处于茅屋之下，必将衣绣游于九重之台"。

又说纣“多发美女，以充倾宫之室，妇女衣绫纨者三百余人”。《说苑》还说纣“锦绣被堂，金玉珍玮”，至其“身死国亡为天下戮，非惟锦绣絺紵之用邪”。由于当时大量物质生活资料为少数贵族统治阶级所聚敛，故其服饰的衣料多种多样，质地也相当华贵。但在平民贱者一方，自当别论。《诗・豳风・七月》反映周初农夫常常是“无衣无褐”。大概粗麻粗葛织物是当时平民阶层的主要衣料所属。《礼记・郊特性》云“野夫黄冠，黄冠，草服也。”可见下层平民有以秋后变黄的植物草茎编以为服，跟贵族阶级一方锦绣絺紵的精工编制服饰，形成截然鲜明的对照。

考古发掘所见，夏代贵族服饰的衣料，主要有粗细不一的麻布和平纹丝织品。前述晋南陶寺遗址一些晚期的大、中型贵族墓，即发现这类衣料。1975 年在偃师二里头遗址一座贵族墓内，出土一件绿松石镶嵌的圆铜器，正面蒙有至少六层粗细不同的四种布，最粗和最细的经纬线，分别为 8 × 8 根 /cm² 和 52 × 14 根 /cm²，除最细的一种布未确定性质外，其余都是麻布。

商代衣料基本仍以麻、丝织品为主体，但编织技巧大有提高，品种增多。河北藁城台西商代中期遗址所出纺织品中，麻布属于平纹组织，原料是大麻纤维，与原始时代的麻布出土品相比，残留胶质较少，经纱是由两根纱合股加拈而成的，为 S 拈向，纱线加拈均匀，说明当时随着韧皮纤维脱胶技术的提高，已能生产出高质量的麻纱。在出土的丝织品中，计有平纹的“纨”，平纹绉丝的“縠”绞纱类的纱罗等，特别是生产绉这种富有弹性而轻盈透明的丝织物，需要有较复杂的工艺技术，另外似乎还懂得利用羊毛编织衣料，在所出麻布中，即发现若干山羊绒毛。

麻、丝织品，在商代各地遗址中每有所见。北京平谷刘家河一座随葬有铁刃铜钺的商代中期墓中，出有平纹麻布，经纬密度分别为每厘米 8 ～ 20 根、6 ～ 18 根，经纬纱投影宽度为 0.5 ～ 1.2 毫米，纱线大都为 S 拈向，与台西出土麻布相似。陕西泾阳高家堡晚商贵族墓，出有麻布和丝绸织品。长江以南江西新干大洋洲一座晚商大型墓，许多随葬器物上也留有麻布、丝绢织物痕，布纹疏密不一。山东滕县前掌大一座晚商的中字形大墓，在所出的一些纺织品上，还涂饰有成层的红、黑、白三色图案。

殷墟王邑所见，称得上是集商代服饰布料发现上之大成，各种粗细不一的麻布层出不穷，还有未成品的麻线、麻绳以及成束的丝和丝绳出土。丝织品种类繁多，仅妇好墓所出就有六种：一是各种平纹绢类，经线密度每平方厘米 20 ～ 72 根，纬线密度每平方厘米 18 ～ 30 根不一。二是平纹丝类织物，还用朱砂涂染过。三是单经双纬组织之缣。四是双经双纬之绢绸。五是斜纹组织的经线显菱形花纹之文绮。六是纱罗组织的大孔罗，每米有 1500 ～ 2000 个拈回，属于目前所知最早的纠经机织罗。

殷墟王邑所见皮革衣料的加工技巧也令人耳目一新。侯家庄第 1004 号殷王陵南墓道中，曾发现皮甲残痕，上有黑、红、白、黄四色图案花纹。甲骨文中有一裘字，本意当如《说文》所云“裘，皮衣也”，从字形看，或许同于段注说的“裘之制，毛在外”，这种裘衣大概不同于去毛或翻毛内裹体的战斗护身皮甲。皮革材料乃取之家畜和兽类。除麻、丝织物和皮革衣料外，商代还有了木棉织物。

1936 年殷墟第 13 次发掘的 YHI27 坑，张秉权先生在后来整理所出龟甲时发现，有 65 片无字碎甲上面粘附有布纹痕迹，经取样做电子显微镜反射光观察及进行穿透式、扫描式鉴定，又采用生物化学方法验证，得出这些纺织品具有植物性棉纤维性特征，而无动物性丝或毛的特征，从而确定其为棉类织物。棉布为素色平织十字纹，经纬线约平均每 3 毫米 8 ~ 12 支。

木棉织物在福建崇安武夷山白岩崖洞船棺墓中也有发现。原为墓主衣着，已碳化成残片。经上海纺织科学研究院鉴定，其衣着中有大麻、苎麻、丝、棉布四种质料，内棉布残片为青灰色，平纹组织，经纬密度每平方厘米 14 × 14 支，系多年生灌木型木棉。船椁木质经碳 14 年代测定和树轮校正年代，距今 3445 ± 150 年，相当中原的商代。

《尚书·皋陶谟》云“以五彩彰施于五色作服。”《帝诰》云“施章乃服明上下。”夏商衣料，凡麻、丝、棉织物或皮革制品等，确实每施彩绘及涂染。然以前述考古发现而言，陶寺遗址贵族服饰，有上衣为白色，下衣为灰色，足衣橙黄色。偃师二里头墓葬出土织物有红色者。显见，夏人尚黑之说，只是就其大概而言。服饰纹样“画之以山”，也不得其征。

同样，殷人服饰尚白而以火为饰，也难尽信。如台西中商遗址贵族墓有出黑红色衣衾。北京平谷刘家河商代中期贵族墓内衣衾遗迹亦为红黑色相间。滕县前掌大晚商大型墓出土织物为红黑白三色彩绘图案，至如殷墟王邑，王陵中出土皮甲上有黑红白黄四色图案花纹，为菱格纹和带状云雷纹。妇好墓出有朱染丝绢织物。中等权贵墓出土织物，有红色施底，在兽面纹图案间敷黄黑色。一般贵族墓出土的麻织物，有白黄色相间，上以黑色线绘兽面花纹。末流贵族或上层平民墓出土织物，有红底黑线绘蝉纹，填以白黄色。而黑色或素色麻织物主要见于中下层平民墓。从总体上来看，倒是红、黑色在商代较为流行，唯衣料质地、各类色调的搭配和纹样图案所示，已相继注入了服饰品第意义上的等级制内容，所谓“旌之以衣服”“衣服所以表贵贱”“施章乃服明上下”，在商代当已形成。

（二）服饰的形制款式

1. 商代人像雕塑反映的服饰形态

迄今所见，商代玉、石、铜、陶人像雕塑约 80 例，大致有跪坐、蹲居、箕踞、立式和头像五种，可资以考察当时各类人物的服饰形制和貌态。其一，跪坐像。一般作双手抚膝，两膝着地，小腿与地面齐平，臀部垫坐脚跟上。现举 24 例于下。

（1）1935 年殷墟 12 次发掘，西北岗 1217 号大墓出土大理石圆雕人像之残右半身。交领右衽短衣，短裙，衣缘裙褶，裹腿，翘尖鞋，宽腰带，衣饰回纹、方胜纹等。

（2）1976 年殷墟妇好墓出土圆雕玉人（原编号 371）。头编一长辫，辫根在右耳后侧，上盘头顶，下绕经左耳后，辫梢回接辫根。戴一“頍”形冠，冠前有横式筒状卷饰，冠顶露发，冠之左右有对穿小孔，靠前也有一小孔，可能为插笄固冠之用。《礼记·玉藻》云“缟冠玄武，子姓之冠也。”郑注：“武，冠卷也。”或即指这类带有横筒状卷饰之冠。

穿交领窄长袖衣，衣长及足踝，束宽腰带，左腰插一卷云形宽柄器，腹前悬一过膝长的条形“蔽膝”，着鞋。衣饰华丽，神态倨傲。为一贵妇人形象。

（3）妇好墓出土圆雕玉人（原编号 372）。头顶心梳编一短辫，垂及颈后；穿窄长袖衣，圆领稍高，衣长及小腿；衣饰蛇纹和云纹，同上例；跣足。

（4）妇好墓出土圆雕猴脸玉人（原编号 375）。头上截留短发一周；着衣，长袖窄口，衣襟不显，后领较高，衣下缘垂及臀部，背部衣饰云纹；似着鞋。

（5）妇好墓出土圆雕石人（原编号 376）。发式同上第 2 例，唯辫梢塞入右耳后辫根下；头戴一圆箍形“頍”；裸体，仅腹前悬一“蔽膝”。

（6）妇好墓出土圆雕孔雀石人（原编号 377）。脑后梳一下垂发譬，有上下相通小孔，似插笄之饰；发髻上又有一半圆形饰物；裸体，跣足。

（7）传安阳出土圆雕玉人。平顶头，裸体。

（8）浮雕跪坐侧面人形玉饰。出土地不明；发式高耸呈尖状，十分奇特。

沈从文先生认为其发可能用某种胶类胶固成型，或许是商代敌对西羌人形象，也可能是东夷人形象；发型外似又用中类裹罩；上衣下裳，遍饰云纹。

（9）1983—1984 年四川成都方池街出土青石圆雕人像。双手交叉于身后，做捆缚状，面部粗犷，颧高额突，尖下巴，高鼻梁，瘦长脸，大嘴；头发由中间分开，向左右披下；身上无衣纹饰样；石志廉先生以为是商代羌人奴隶形象。

（10）2935 年殷墟西北岗 1550 号大墓出土浮雕人形玉饰；头戴高冠，冠顶前高后低呈斜面，冠上透空，周边有扉棱，意在表现冠上所附装饰品。礼书称周代有玄冠、缁布冠、皮弁、爵弁四种冠式，疑此玉人的高冠为玄冠之前身。《仪礼·士冠礼》云“主人玄冠”，郑注：“玄冠，委貌也。”又云“委貌，周道也；章甫，殷道也；毋追，夏后氏之道也。”殷之“章甫”，可能以玄冠上有玉、石等装饰品类为名。

（11）同年西北岗 1004 号大墓出土圆雕残大理石人像。似有皮革裹腿，无衣痕。

（12）传小屯出土浮雕璜形玉人。石璋如先生认为此玉人“头上戴有高冠，冠向后背，且向下卷，周边有扉棱突出。头之后脑部有向上弯曲之突出如虿尾者，可能像征发譬。”观此冠近似上述第 10 例之冠，但显得低扁，又不镂空，可能属于礼书中说的“缁布冠”。《仪礼 · 士冠礼》云“缁布冠缺项青组”，郑注：“缺读如有頍者弁之頍，缁布冠无笄者，著頍围发际结项中，隅为四缀以固冠也，项中有，亦由固頍为之耳。”《礼记 · 玉藻》云“缁布冠缋緌，诸侯之冠也。”郑注：“尊者饰也。”玉人穿长袖窄袖口衣，下着紧身裤，均饰云纹。跣足。

（13）美国布法罗科学博物馆（Buffalo Museum of science）藏殷代浮雕人形玉饰。头发上束成前后双髻，前譬高而向后下卷，后髻略小而突起。曲臂，手置胸前，跣足。按发式做前后双髻者，内蒙古巴林右旗那斯台红山文化遗址出土石雕蹲居人像有之，此玉人不知是否为商代北方之贵族形象。

（14）美国萨尔蒙尼一书著录浮雕人形玉饰。冠做龙头形，脑后长发垂屈过臀，宛似龙身。衣着款式和纹样略同上例。

（15）中国历史博物馆藏浮雕人形玉饰。头戴高冠，冠型同12例。长袖窄袖口衣，紧身裤，遍饰云纹。

（16）妇好墓出土浮雕人形玉饰（原编号470）。冠型高耸，衣着及纹样全同上例，又似有一臂环。加拿大皇家安大略博物馆藏一玉人，与此造型几同。

（17）同出浮雕人形玉饰（原编号518）。头戴冠，冠型前高后卑，前面和上侧有扉棱，后侧平滑，冠身不透空，与上第10例稍异，疑礼书中之皮弁冠属此。《后汉书·舆服志》谓皮弁冠前高广，后卑锐，为执事者之冠。商代之“皮弁冠”，其扉棱似表示冠上有饰物。玉人衣着颇华丽，衣饰云纹。

（18）同出半成品浮雕人形玉饰（原编号987）。外形同上例。

（19）同出浮雕人形玉饰（原编号357）。头戴帽冠，其冠型前低后高，类似于《后汉书·舆服制》所云翘舞乐人戴的一种前小后大之爵弁冠。《春秋公羊传·宣公三年》解诂云“皮弁武冠，爵弁文冠，夏曰收，殷曰冔，周曰弁，加旒曰冕。”《仪礼·士冠礼》和《礼记·郊特牲》均谓：“周弁，殷冔，夏收，三王共皮弁素积。”所谓“殷冔”，可能就是指这类前低后高而无饰物的帽冠，为后来爵弁冠之先形。玉人素而无饰，屈臂手指外张，似在表示某种动作，其身份恐较卑贱。

（20）法国巴黎赛努奇博物馆藏浮雕人形玉饰。出土地不详。沈从文先生谓是男性，脑后头发披到颈部，再加工朝外上卷，头顶则剪成短发，外罩一帽箍，为商代西部戎羌、东南淮夷或荆蛮人形象。其帽箍前方有扉棱及一环饰，带耳珥，腆胸，裸体。林已奈夫先生认为是龙山时期长江流域一带人的形象。今据1981年湖北钟祥市六合出土石家河文化玉人头像，双耳佩环，头戴一平顶而前做角形之冠，脑后发式为椎髻而如虿尾，大概即“鬈首”一型。两者发型不类，《淮南子·齐俗训》说的“胡貉匈奴之国，纵体拖发”，却与此类合。

（21）江西新干大洋洲商代墓出土玉人。头戴高羽冠，冠后拖一链环。臂部及腕部戴环，下体似着羽饰之裤。

（22）929年殷墟第3次发掘，小屯大连坑出土抱腿石雕人像残块。直领对襟衣，长袖窄袖口，衣饰云纹和目雷纹。腹胯间有一大兽面纹。足有履。

（23）1943年传安阳四盘磨出土圆雕石人。双手后支地，头上仰。戴圆箍形“頍”，但顶不露发。直领对襟衣，衣饰纹样同上例。下着分裆裤，腹胯间有一大牛面纹。足穿高帮鞋。

（24）浮雕双人相背玉饰。出土地不详。造型奇特，一大一小两人形象背靠。主体人形高大，做箕踞式，手置腰间，长发垂颈而上卷，上罩一冠，冠型厚重，为胄类，衣饰云纹。背后小人做蹲式，脑后头发垂至耳际，头顶卷发作髻，似裸体。两人或为主奴关系。陕西长安张家坡84M157出土周初玉雕人像，与此相似。

以上24例表明，跪坐和蹲居是商代起居和社交生活中最为流行的举止俗尚，贵贱无别。既有表现衣冠讲究、神态倨傲而显得雍容华贵的统治阶级高级权贵与贵妇，如跪坐像1、2、8例，蹲居像第10例；又有普通贵族或亲信近臣，如跪坐像3、4例，蹲居像 12 ~ 18、21 例；还有身份低卑、衣着粗疏甚至赤身露体的家奴或贱民，如跪坐像 5、6、7、9 例，蹲居像 19、20 例及 24 例之蹲居小人。

至于箕踞，可能是贵族间放浪不羁的行为举止，大概一般不见于礼仪社交场合。李济先生曾称之为“是一种放肆的姿态”。沈从文先生则说这类人“身穿精美花衣，头戴花帽，如不是奴隶主本人，即是身边的弄臣或‘亡国丧邦’有所鉴戒的古人，三者都有可能做成酗酒不节、放纵享乐的形象”。其四，立像。商代立式人像大抵本之写实，夸张成分不多，有男女成人，也有孩童，包括中小贵族、平民乃至罪隶或战俘，基本属于中下层社会成员，有以下 8 余例。

（25）传安阳殷墓出土玉人立像。后流落美国，先归温斯洛普（G.L.Winthrop），现藏哈佛大学福格美术馆（fogy Art Museum，Harvard University）。头戴高中帽蒙覆其发，似用中帻摞卷头部，绕积至四层高，呈前高广、后低卑、帽顶做斜面形。当如郑注《士冠礼》所云“未冠笄者著卷帻，頍象之所生也”，乃由额带或圆箍形“頍”衍演而出。《后汉书·舆服志》谈到一种诸侯大夫行礼时戴的委貌冠，冠型前高广，后卑锐，以皂绢为之。颇类于此玉人巾帻之帽式。玉人双手拱置腰前，身穿长袍，交领右衽，前襟过膝，后裾齐足，近似文献说的“深衣”。内裤稍露，显著平底无跟圆口屦。腹悬一斧式“蔽膝”。这种“蔽膝”，若以皮革为之，可称“韦韠”，若以锦绣为之，则一称“韍”。玉人衣素而无华，神态虔恭，当为中小贵族或亲信近侍形象。

（26）上海博物馆藏商代圆雕玉人立像。头戴扁平圆冠，双耳佩环，两手拱放腰前，赤身跣足，腹部绕弦纹三匝，似简单带类饰物。身份大概为近侍下人。

（27）安阳文化馆藏商代圆雕玉质孩童立像。头上束发做左右两总角。《礼记 · 内则》云“男女未冠笄者……总角，则无以笄，直结其发，聚之为两角。”郑注：“总角，收发结之。”总角有以朱锦束结者，如《礼记 · 玉藻》云“童子之节也……锦束发，皆朱锦也。”孔疏：“锦束发者，以锦为总而束发也。”男女童子束总角，商代已然。此玉雕孩童身穿长袖交领右衽衣袍，束腰带，下着齐足长宽裤，脚穿宽松软履。应属贵族或中上层平民孩童的装束。

（28）妇好墓出土圆雕男女合体玉人（原编号 373）。裸体，跣足，有文身之饰。一面为男性，另一面为女性，可能为某种生命信仰观念的象征物，但当本之男女孩童的形象。头上束左右总角，丫角做蝶形，上有画线，似表现丝绳和布条束结之形。《礼记 · 内则》有“男角女羁，男左女右”之说，然商代未必如此，男女孩童皆可束左右总角。

（29）美国哈佛大学沙可乐美术博物馆藏商代圆雕玉女立像（The sacker Art Museum，Harvard University），原系温斯洛普（Grenville L.Winthrop）馈赠品。头上束发做左右双牛角形，赤身裸体，乳房和阴户等女性性征明显，臂、腿部有文身之饰，双手被枷于腹前，似属异族女俘或罪隶。

（30）同馆陈列温斯洛普氏馈赠之商代圆雕玉质女奴立像。形制略同上例，唯发式做左右两大髻，在头上部，裸体而无文身之饰，双手亦被枷于前。

（31）美国哈佛大学福格美术馆藏商代圆雕石质男性罪隶立像。传安阳出土，双手被桎梏。瘦长脸，尖下颌，高颧骨，粗眉大眼，蒜头鼻，大嘴，发后梳，贴垂脑后，以頍束发，裸体，仅腹前有蔽膝。

（32）1937年殷墟第15次发掘，在小屯358号深窖中出土一批殷代陶俑，大都残碎，此举完整者四例，可分两类：一类头顶秃光，臂被缚于背后，为男性罪隶；另一类头上盘发或束单髻，有的戴额带，臂被缚于前，双手均桎梏于其中，是为女性罪隶。其中三例身着圆领窄长袖连袴衣，下摆垂地，腰束索。但有一女俑，头顶收发束单髻，浑身一丝不挂，跣足，双手被枷于前，形象近于上述第30例。自29～32共7例玉、石、陶人像，反映了商代社会最低阶层的衣着状况。

值得注意的是，战国至西汉广为流行的所谓“深衣”，在商代亦已出现。《礼记·深衣》云“古者深衣，盖有制度。”孔疏：“衣裳相连，被体深邃，故谓之深衣。”古人说的衣裳，指上衣下裳，是一种上下身不相连属的服制，前述新石器时代出土陶、石雕塑人像即可见到这种古老款式，深衣则比较后起。据有的学者研究，深衣的特点，是有一种向后交掩的曲裾，便于举步又不致内裤外露。上举第25例立像，右衽交领长袍，前襟短于后裾，前露出内裤胫下一部，正是比较标准的“深衣”服式，唯服此衣装者，政治身份和社会地位均不高，主要见于中下层社会阶层。《礼记·内则》有云“有虞氏皇而祭，深衣而养老；夏后氏收而祭，燕衣而养老，殷人冔而祭，缟衣而养老；周人冕而祭，玄衣而养老。”看来“深衣”的出现并不太晚，只是未被列入贵人服饰之列，当然也不能用于重要的祭礼场合，比起冠式的讲究大逊一截。恐怕“深衣”是由低层社会那种缝制简单的连袴衣——如第32三例男女罪隶之服——直接改进而来。

综上所述，商代服饰至少有以下10种形态：

一是交领右衽短衣，有华饰，衣长及臀，袖长及腕，窄袖口，配以带褶短裙，宽腰带，裹腿，翘尖鞋（第1例），是为高级权贵衣着。

二是交领右衽素长衣，长袖，窄袖口，前襟过膝，后裾齐足。配以宽裤，宽腰带，鞋履，腹悬一斧式蔽膝，头戴高巾帽，是为中小贵族或亲信近侍所服。此类带后裾的交领长衣，即“深衣”的先例。

三是交领右衽素小袍，衣长至膝，长袖。配以宽裤，腰带，软履。是为中上层社会阶层孩童衣装。

四是交领长袖有华饰大衣，衣长及足踝，配以宽腰带，上窄下宽形蔽膝，鞋履，头戴頍形冠卷，是为高级贵妇之服。

五是直领对襟有花式短衣，长袖，衣长及臀，配花长裤，鞋履，头带頍形冠，是为贵族衣装。

六是高后领敞襟长袖花短衣，是为亲信贵族之衣。

七是圆领长袖花短衣，配紧身花裤，帽冠，是为中上层贵族衣装。

八是圆领窄长袖花大衣，衣长及小腿，是为中下层贵族衣装。

九是圆领细长袖连袴衣，下摆垂地，束腰索，衣式简而无华，是为罪隶所服。

十是赤身露体或仅于腹前束一窄蔽膝，以及额部戴圆箍形“頍”，或戴一扁平圆冠，乃贱民家奴形象。

大体来说，衣料质地和做工的考究与否，衣饰纹样的简繁，是商代等级制服饰的基本内容，而中上层贵族间流行窄长袖花短衣，中下层社会间的窄长袖素长衣，构成了等级制服饰款式差次的分野，与周代所谓“王之吉服，服大裘而冕”，以宽袍大抽象征权威，恰恰截然相反。除此之外，政治身份和社会地位的不同，其发型或冠饰的差异也极为明显，这方面倘若结合殷墟等地出土数十例雕塑人头像，以及大量考古发现遗迹，当可进一步获得较充分的认识。

2. 发型和冠式

发型，内蕴着人的精神气质和审美情趣，既有群体同好的一面，又有个性私嗜的一面，但一般总视为各民族或各居民生活共同体内固有俗尚的无声表达。

商代的发型，上揭跪、蹲、箕踞、立四种35例人像雕塑已有所见，如在上流社会阶层，有的高级男性权贵，或将长发胶固加工，做成尖状高耸发型，上缀饰物。有的贵族，头上罩一龙首形冠，长发垂卷过臂，宛似龙体龙尾。有的贵妇，则在右耳后编一长辫，上盘头顶，绕经左耳后，辫梢回扣右耳后。除此三型外，殷代玉雕人头像尚可补充另三种高级贵族发型。一是1937年殷墟第15次发掘，于小屯M331一座三套觚爵等列的早期墓葬中，出土一玉雕高冠人首饰件，脑后发譬如至尾上钩，似男性。二是故宫博物院藏殷代黄玉人头像，为男性，头顶绞齐的短发用额箍绾成上冲式，脑后则维持长发自然垂肩，有粗犷豪放气质。三是同院藏殷代青玉女性人头像，两鬓秀发垂肩上卷，双耳佩环，头戴低平无簷冠，冠顶双鸟朝向中间一钮而对立，女像显出袅娜娇丽之姿。陕西历史博物馆藏商代玉女像，与此相似，但头顶结总角。在中层社会阶层，有的贵族长发垂颈上卷，上罩一胄；玉雕人头像有此发型。有的贵族，收发束成前后双髻，前髻大而高挺后卷，后髻略小而突起，前后照应。有的贵族近臣，头顶编一短辮，垂至颈部；1939年殷墟出土玉人头，也为此发型。有的亲信近臣，干脆绞成短发。在中下层社会，有的家奴或平民，脑后束一下垂发髻，上插笄，或再在髻上加一半圆形发饰，似为女性发型。有的男性，脑后剪发齐颈，再加工卷曲，而头顶绞成短发，戴一额箍。有的脑后剪发至颈，头顶则另束一髻。有的在右耳后编一长辫，盘过头顶和左耳后，再回压于辫根。还有的干脆绞做平顶头。至于罪隶或异族俘虏，女性有盘发、头顶束单髻、束左右双髻和束结左右双角等四种发型，男性大都做光头，但也有头发中间分开向左右披下者，还有头发后梳贴垂脑后而以圆箍形“頍”相固者。

由各类人像雕塑揭示，商代发型至少可得见20余种，当然有的并非皆为商人固有，如采用胶类定型发式之类，其中有可能表明当时居民中来源成分的复合多元，但有一现象是明显的，即社会的等级结构，同样导致了发型做工美饰上的等次异分。从商代的发型看，一般总有多少不一的饰物，简单者施簪插笄，复杂者有雕玉冠饰、绿松石嵌砌冠饰等，均见于考古发现，大体不外两类，一类依发为饰，另一类戴冠增饰。据《开元礼义鉴》云“古者先韬发而后冠帻卷梁。”《释名·释首饰》云“冠，贯也，所以贯韬发也。”知冠的主要作用，固然有避寒暑保护头部的一面，但增添发型的完美，展示人的精神气质和仪表，是更重要的一面，等级社会中的冠冕制度，实缘后者而起。从这一意义上来说，冠饰也即头饰的繁衍。下面来看商代的冠式之制。

上节已述，古代礼书中提到的玄冠、缁布冠、皮弁、爵弁、冠卷、頍、巾帻等七种冠式，大体均能追溯到商代，其在人像雕塑中有所揭示。玄冠，据说以玄色帛为冠衣，《仪礼·士冠礼》以为夏称“毋追”，殷称“章甫”，周称“委貌”，三代异名。夏商时以丝、麻、革、葛何种质料做冠衣，今已难悉，所知者，冠上当缀有华饰。二里头遗址夏代墓葬，人头骨周围或残留有绿松石片、管之类饰品，疑原为冠饰。商代的“章甫”冠，是一种前高后低，顶做斜面的高冠，玉雕形象是透空而周边有扉棱，推知其冠当遍缀玉、石之类饰品。戴此冠者是高级权贵一类人物。

缁布冠，顾名思义，是以黑色布为之。《礼记·郊特牲》云“太古冠布，齐则缁之。”商代玉雕有一种前高后低，后向下卷，顶做斜面的中高冠，形制近似上一类“章甫”冠，但略低小，仅周边有扉棱，不镂空，冠上饰品当少些，疑即缁布冠的前身。戴此冠者，一般为贵族或亲信近臣。

皮弁，以皮革为冠衣，冠上当有饰物。《左传》僖公二十八年：“楚子玉自为琼弁玉缨”，杜注：“弁以鹿子皮为之。”可参考文献说的皮弁冠，前高后卑，形制近似委貌冠。商代玉雕有一种前高后卑，冠前冠顶有扉棱的中高冠，外形接近上一种冠，冠者身份也是贵族或亲信近臣，唯冠后平滑，可能为皮弁之属。

爵弁，郑注《士冠礼》云“爵弁者，冕之次，其色赤而微黑，如爵头。”《白虎通》则谓“其色如爵。”《公羊传·宣公三年》解诂以为爵弁，夏称“收”，殷称“冔”，周称“弁”。”文献中称此种冠前小后大。商代玉雕有一种家臣贱奴戴的前低后高冠，其上做圜形，颇似爵之圜底之倒形，当数这一类冠。

冠卷，《礼记·玉藻》云“缟冠玄武，子姓之冠也。”郑注：“武，冠卷也。”同篇又云“居冠属武。”郑注，“著冠于武”。江永《乡党图考·冠考》云“冠以梁得名，冠圈谓之武，梁属于武。”知此种冠式包括冠和“武”两部分，“武”指冠上的卷状饰件。妇好墓圆雕玉人，为贵妇形象，头戴一圆箍形冠，冠前端横饰一卷筒形饰物，当即文献所称之“武”。“居冠属武”，意谓冠前加一卷状饰物，由此玉人冠式可以确知，旧泾渭“著冠于武”，视“武”为位于发际之一圈，实因不明其冠式致误，当更正为“著武于冠”。

頍，源起额带，以布或革条箍于发际，是束发的一种形式，原始时代已有，至商代十分流行，戴頍者，有贵族，也有家奴贱民。巾帻，似亦由“頍”演绎而来。《急就篇》云“巾者，一幅之中，所以裹头也。”《方言》云“复结谓之帻巾。”《仪礼·士冠礼》：“未冠笄者著卷帻，頍象之所生也。”頍与巾帻的区别，頍为额箍，而巾帻是以巾裹摞头上，可做成各种帽式。商代的巾帻已知者有两类：一类为高巾帽，在头上卷帻至四层高，前高广，后低卑，帽顶呈自前向后倾斜形，为中小贵族或亲信近侍所戴帽式。另一类为外罩式，随头上发型而裹罩之。

长江中游南方地区的商代方国权贵有戴一种高羽冠者，冠后有链环。

除此之外，殷墟甲骨文中有称作“胄”的武冠，字形象胄顶有缨饰。西北冈1004号大墓南墓道曾出土大量青铜胄，据说总数约在140顶以上，形制有6～7种。传世品中也有出于安阳的一件青铜胄。1978年山西柳林高红一座商代武士墓中，也发现一顶青铜胄，胄顶有钮可作系缨之用，同出还有铜剑、矛、钺、斧、双环刀等。1989年江西新干大洋洲商墓，也出有一顶青铜胄，顶部一圆管用来插缨饰。上节第24例玉雕一贵族武士人像，亦头戴厚重之胄，胄前端有一圆孔，似用于系缨。胄非常人所冠，十分沉重，有达二、三公斤者，属于战斗御体装备。

事实上，前面在分析商代发型中，已可看出头饰与冠式是一有机联系组合体，不便强分。石璋如先生《殷代头饰举例》一文，曾从上千种殷墟发掘材料中，揭出13种较为典型的头饰形式，有椎髻饰、额箍饰、髻箍饰、双髻饰、多笄饰、玉冠饰、编石饰、雀屏冠饰、编珠鹰鱼饰、织贝鱼尾饰、耳饰、鬓饰、髫饰等，其中不少与冠式有关。现据之作一叙述。

椎髻饰，系将头发聚结于头顶或脑后，施用笄椎而成一髻。始起史前，夏代已十分流行。二里头遗址81YLVM3墓主人头盖骨上即留有一骨笄。夏代的笄饰，制作比较简单，以圆形平顶居多。河北磁县下七垣遗址共分四层，第四层为二里头文化，相当夏代，骨笄6枝均为锥形；第三层相当商代早期，骨笄数量多出一倍以上，有钉形、刻花、锥形等；第二层相当商代中期，骨笄数又超出上期三倍，有凤头、钉形、锥形等，还出现了墨玉笄；第一层相当晚商，骨笄有凤头、方丁形头、重帽形头、锥形等。郑州商城发现的笄饰有玉制、骨制两类，笄头有平顶、钝角和雕饰等。殷墟出土的笄，数量可观，新中国成立前发掘所见，有朴状顶、划纹顶、盖状顶、牌状顶、羊字形顶、几何形顶、鸟形顶、其他动物形顶等，1976年妇好墓一下出土骨笄达499枝，大都放在一木匣内，有夔形、鸟形、圆盖形、方牌形、鸡形、四阿屋顶形等笄头；另有玉笄28枝，出自棺内北端。笄之用，一为束发，二为固冠，笄头的精构，又足见殷人对发型美饰的留意。

额箍，即頍，殷墓所见，有在頍上饰蚌泡或铜铃，每每成组成对；也有在前额正中部位缀一柿蒂形蚌花，左右两鬓部位对应饰蚌泡。但此种頍饰主要见诸小型墓，系流行于平民阶层。

髻箍饰，是椎髻与頍形冠的结合头饰，髻上插笄，而頍上缀骨片或绿松石，也见于平民墓。A.salmon P1.XXXII：3著录一玉人头，亦为髻箍饰。双髻饰，一般是在双髻上双双插笄，平民大都插骨笄，成人或儿童均然，贵族则施玉笄，并且头上往往兼施石鸟、花骨、玉珠之类饰品。多笄饰，指头上插有3枝以上椎形笄，多者插至8枝，有贵族，也有殉葬者。

玉冠饰，是在额前缀一珩形玉冠饰，见于西北冈M2099长方形小墓，玉冠饰内周附有许多绿松石小块，内周弧度与发际一致，推测原乃连缀于冠上，颇疑此为前述缁布冠或皮弁冠上的饰物。

编石饰，系用石条编缀而成，并与其他装饰品组成一个整体。见于小屯M149一具人骨的头部和后脑部，这组饰品计有大贝 1、石蛙 1、石鳖 1、铜器 3 件、小石条 18 根、花骨 2 件等，至少合有 1 斤半重。按此当为冠饰，冠式可能为“頍”的改进型。

雀屏冠饰，系在冠上插许多各种各样的笄，如同孔雀开屏一样。西北岗 1550 号大墓内一具殉葬人额际，有百余枝骨笄呈扇形排开，群下的人头左上方横置一剑形小玉器，头顶偏右又横置一玉笄，脑后部位有一堆绿松颈部一侧有一玉兔饰品。可推知其人原戴着一华冠，冠身遍缀玉石饰物，冠顶前方满插笄丛。类似的现象又见于以下数墓：

其一，河北藁城台西遗址 102 号墓内一女性殉葬人，头部有骨笄丛 19 枚。

其二，1937 年殷墟 15 次发掘，小屯 331 号一座三套觚爵等列的中等权贵墓内，墓主头部有玉笄 26 枚，与玉鱼等 14 件玉饰品聚列一起。

其三，殷墟妇好墓中，有 28 枚玉笄集中出自棺内北端。

其四，1977 年小屯发掘的一座 18 号出五套觚爵等列的上层贵族墓，墓主头上方有骨笄 25 枚、玉笄 2 枚，呈扇形排列叠压，其中玉笄 1 枚居中，1 枚置于偏右侧，笄丛尖头均朝人头，夔龙形笄头整体顺放，墓主头部还布满极小的绿松石片饰。

统而观之，所谓“雀屏冠饰”，形制相当繁复，冠型高耸，如小屯 18 号墓的一顶，至少高 26 厘米，上部张开宽幅近半米，结构复杂，大都以笄群和众多玉饰品相组合，且玉类饰品居于要位，大概可用文献中屡屡提到的殷人“章甫冠”相名之。戴此冠者，均为中上层贵族人士。台西遗址所见，可能是为某权贵的妻妾一类人物。殷墟 1550 号王陵内的殉葬人，因伴出大量玉石饰品和青铜礼器 3 件，生前身份也并不低。

此类冠式，尚可参见一类所谓“鬼神面”的玉雕人头像。如 A.salmon P1.XXXII：5和P1.XXXI：2—3著录两件，后者今藏美国史密森宁研究院（Smithsonian institution），玉人面部怪诞，口有獠牙，双耳佩环，头戴一筒形高冠，冠顶呈扇形张开，上有 14 条直线纹，可能指笄丛，也可能指插羽。美国沙可乐（Arthur M.sacker）亦曾藏有一件类似的玉雕人头像，唯冠顶所插饰物，似为向左右两侧翼张的长羽丛。日本京都大学人文科学研究所考古资料晚商玉人头，也为类似的羽冠饰。这类高冠带扇形华饰的玉雕人头像，真正的考古发掘出土品，见诸江西新干大洋洲晚商大墓，也是口长獠牙，但耳饰是挂在双耳下，其高筒形冠上部竖刻阳线 11 组，形似羽翼外张。日本林巳奈夫先生曾将此类“鬼神面”，与良渚及山东龙山文化玉器兽面纹相联系，认为是长江下游太湖地区的史前器物，流行范围则北伸入苏北及山东南部。张长寿先生则据沣西西周早期墓所出土一件同类形象的兽面玉雕，认为年代确定不能像以往说的那么早。今据 1989 年山东临朐朱封 202 号龙山文化墓葬发掘资料，墓主头侧有一组冠饰，原冠身当遍缀绿松石小薄片，计有 980 多片，冠顶插有一簪饰，通长 23 厘米，簪首玉质乳白色，形似扇面，镂空透雕变形蟠螭纹，其间嵌有小圆绿松石，另又有玉笄 1 枚，笄头浮雕人面像 3 个，似做固冠之用。由此推测，中原商人以笄丛和玉类饰品为主的雀屏高冠，恐怕与山东龙山文化的这种玉石插扇形簪饰的华冠有较直接的渊源关系。长江中游商代方国所出“玉鬼神面”的高筒形插羽丛冠，恐怕较多地吸收了江淮流域东部地区史前文化的因素，同时也受有中原商文化的影响。

编珠鹰鱼饰，帽圈用绿松石缀之，下垂玉鱼一周17条，长鱼在边侧，渐内渐短，居中一条上刻“大示害”三字，冠上又有绿松石穿珠181粒，冠后还插一雕鹰玉笄，也出自小屯331号墓。文献有“琼弁玉缨”和“弁加旒曰冕”之冠式。《后汉书·舆服下》称冕冠前后邃延玉藻，冠呈前圆后方，郊天地、宗祀、明堂时戴之。《周礼·夏官·弁师》谓冕冠“玉笄朱纮”，皮弁冠“玉璂象邸玉笄”。《说文》谓冕为大夫以上之冠。疑商代这种编珠垂鱼插玉笄之冠，似一种由弁冠繁饰而成的冠，形制近于后世之冕冠，为贵族用于祭祀场合的冠式。

织贝鱼尾饰，是在冠身周围缀穿贝百余枚，又系玉鱼11条，冠顶倒置一玉鱼尾形饰，也出自小屯331号墓。此冠式可参见前述同墓所出一玉雕人头像，当为“頍”的豪华改进型。

耳饰，商代耳饰主要有环、玦两种，从有关雕塑人像看，恐不是直接将耳饰像后世一样戴在耳垂穿洞中，或卡到耳垂软肉上。如前举第20例人形玉饰所佩耳玦，第26例拱手玉雕立人之耳环，以及新干玉雕人头像双耳下所挂耳环，均不用此佩戴法。当时的戴耳饰，大都与冠相关联，或在帽下耳际垂一带与环、玦相系，或干脆束之耳际发束。

鬓饰，多成对。如小屯388号墓，墓主左右颊上均有一剑形石佩饰。大司空村殷墓，人头侧每见成对的石珠、蛤壳、绿松石片、蚌泡等小饰件。大概身份地位不同，鬓饰质地亦异。

髻饰，指后髻上饰物，除施笄外，或另加饰品，如小屯232墓两具殉葬人，头后的笄端上下相压两璜，一大一小。前举第6例妇好墓出土跪坐裸体女像，脑后束髻，上有笄孔，髻上带有半圆形饰物，即是髻饰形态的写照。要之，商代社会中的发型和冠式，构成当时服饰仪态的重要环节。低层社会成员，条件所限，大抵依发型为饰，饰品平平，俗风因循而格调寻常。中上层社会阶层，好戴冠增饰，冠式群出，饰品等次有差，率厥前章而推旧翻新，复内抑于礼。依冠式以序等列，建制度以旌其仪，当发轫于夏代而树立于殷商。后世作为等级制服饰中枢的冠冕之制，在商代后期已规度初显，其章其式，可稽而窥。

3. 履制

古人称鞋为履。《说文》云“履，足所依也。”《小尔雅》云“在足谓之履。”履是足衣，也即今人说的鞋。履又有许多异称，《说文》中有：屦，履也。一曰鞮也。

屝，履也。

鞮，革履也。(《玉篇》谓：“鞮，单履也。”《急就篇》颜注：“鞮，薄革小履也。”)

诸如此类，不备列，这里举的履、屦、屝、鞮四种，主要因见于下文所述商代以前古文物。它们同是一物之别名，按清桂馥的说法，“履者，足践之通称”。

履之起，是对跣足行走原始生活习性的一种进步，有御寒暑和护足的实际功能。《诗·魏风·葛屦》云“纠纠葛屦，可以履霜。”进入文明社会，履成为一种关及形象仪态的社交标准，并演变成一种“礼”教文化范畴和等级制服饰系统的要素。故《释名·释衣服》有云"履，礼也，饰足所以为礼也。"

履既然在古代有各种异称，除了有地缘人群各自习惯称法上的原因外，履制的不同当是主要的。《世本》云"于则作屝履。"宋衷注："于则，黄帝臣，草屦曰屝，麻皮曰履。"其在《字书》则说："草曰屝，麻曰屦，皮曰履，黄帝臣于则造。"《仪礼·士冠礼》云"夏用葛，冬皮屦可也。"《方言》又立一说："丝作者谓之履，麻作者谓之屝。"由此看来，古代鞋的质料，履有麻、皮革、丝帛做之者，屦有麻、葛、皮革做之者，屦有草、麻做之者。大凡说去，履的制工精，而屦、屝无疑粗些。《左传》僖公四年"共其资粮屝屦"，泾渭"屝、屦，皆古之粗履"。

履的产生，言黄帝臣于则发明，无非是一种托古。今所知者，新石器时代已有之。甘肃玉门出有一件立式人形彩陶罐，双足即着翘头鞋，相当肥厚，类似今所见胖靴，显然已非初制。夏代之履尚未见出土，商代履制颇见规度，从人文发展的承续意义言，夏代有履是毫无疑问的。

商代履制，其在前节所举 35 例立、坐人像雕塑中已经可得一窥。首先应看到，这些人像雕塑，足部着履者有 8 例，约占总数的 23%，可知当时大部分人尚未脱却跣足的古习。跣足者中，有高级权贵，有普通贵族或亲信近侍，也有平民和罪隶，尤以第三类人差不多均做跣足形象，反映了在古习相沿中，已注入了社会贫富有分的重要因素。富者跣足，固因之习惯偏好，贫贱者无履，恐多出势所不能。

但商代高级贵妇好穿平头高帮履，亦无系带，圆履口，平底无跟。妇好墓所出圆雕跪坐贵妇玉人像，穿的就是这种履，履形鼓满，鞋帮面上饰有圆环纹样，疑为丝履，也可能是以麻类织物处理，外罩丝帛，宜于暖足而增雍容富态。

这种鞋面鼓满的平底高帮丝履，亦见诸小屯大连坑和四盘磨所出大理石圆雕箕踞人像，大致身份为上层贵族。丝履的鞋帮上饰有圆环内带十字交花纹。

商代中下层贵族或亲信近侍包括一般臣属，有穿素面鞋者，如哈佛大学福格美术馆藏安阳殷墓出土圆雕立式玉人，及妇好墓所出圆雕猴脸跪坐玉人均是。鞋做高帮，平底无跟，圆鞋口，比较合脚，鞋面鼓形逊于上述丝履，素而无华，疑指麻、葛制品，或即文献所称"麻屦""葛屦"。

商代一般贵族或中上层平民的孩童，有穿一种宽松软鞋，见于安阳文化馆藏玉雕立式孩童人像。软鞋平底宽头，薄型，较适合儿童皮肤细嫩易擦伤的特点，从其鞋绉翘的形态看，似为布帛制品，不妨以后世的"软履"称之。

商代还有一类粗屦，见于中下层社会。河南柘城孟庄商代遗址，在一座烧陶窑址紧挨的灰坑中，发现一只鞋底的中段，形状与现在的草鞋相似，束腰，系用四经一纬绳子穿编而成，绳子用两股线拧成，经线粗 0.5 厘米，纬线剖面为椭圆形，直径 0.5 ~ 0.7 厘米。鞋底的编法是以经济一上一下压纬绳，周而复始，层层抵紧，与今日民间的"打草鞋"雷同。据北京造纸研究所检测，样品已碳化，用各种方法处理均分散不开，只有在光学显微镜下直接分散，其纤维较粗，视野中无禾草类杂细胞，均为纤维状纤维，鉴定为韧皮类纤维，属树皮的可能性较大。这种宽约 9.4 厘米的粗屦，尺幅与成人脚宽相一致，是目前所见唯一商代鞋的实物。据《方言》云“扉，粗屦也”，凡麻类、树皮类、草类制成的粗屦，古代常称之为扉。这只粗屦可定名为扉。另据《释名》云“草屦曰扉”；今之草鞋也是以耳、鼻穿系脚上，孟庄出土的这只粗屦形同今之草鞋，穿着法当亦同，则其命名既可称扉。在周代金文中恒见一种贵族穿的“赤舄”，是双底鞋。《释名》谓:“复其下曰舄，舄，腊也，行礼久立地或泥湿，故复其下使干腊也。”《古今注》云“舄以木置履下，干腊不畏泥湿也。”可知舄是安木底注腊的履，以其涂染红色，故称“赤舄”，从止从佳，严一萍先生谓金文舄字与之形似，可释舄若鹊，后借为履舄义。不过，商代是否有履下安木底注腊的双底履，因无明证，不敢遽信。

总之，商代在沿袭跣足的同时，作为一种时代进步形态的鞋履之用，也已得到相应推广，特别是在中上层社会更为明显，并且逐渐形成了一套与等级制服饰紧相联系的履制。

商代的履制大致分为四个层次：

第一层次为高级权贵、各地贵显或高级武士，所穿为皮革制高帮平底翘头鞮，或高统平底翘头鞮，也可称作角履。

第二层次为上层贵族集团成员或贵妇，所穿有高帮平底丝履。

第三层次为中下层贵族、一般臣属或亲信近侍，所穿有麻屦、葛屦，款式亦为高帮平底。

第四层次属中下层社会，所穿粗屦是用草、麻、树皮制之，类似今日民间之草鞋，式样简单，仅做一鞋底，其上用绳纽系于脚上，可称为扉。

另外一般贵族或中上层平民的孩童，有穿一种用布帛制成的宽松软履，较切合儿童生理成长的特点。

第二节　西周服饰

一、西周服饰的历史背景

约公元前 11 世纪，周武王伐纣，建立西周，至公元前 77 1 年周幽王被中侯和犬戎所杀为止，共经历 275 年。西周的建立，使社会生产力大大发展，物质明显丰富起来，社会秩序也走向条理化，各项规章制度逐步完善。中国的冠服制度，在经历了夏商的初步发展之后，到西周时期已经完善。西周最大的贡献以及对于后世的影响就是礼服制度（也叫冠服制度）的完善。西周以分封制度建国，以严密的阶级制度来巩固帝国，制定了一套非常详尽、周密的礼仪来规范社会，安定天下。服饰作为社会的物质和精神文化，被纳入“礼治”范围，服饰的功能被提高到突出地位，从而赋予了服饰以强烈的阶级内容：服装是每个人阶级的标志，服装制度是立政的基础之一，所以西周对服饰资料的生产、管理、分配、使用都极为重视并有严格规定。

二、西周服饰资料的阶级垄断

西周设有官工作坊从事服饰资料的生产，并设有专门管理王室服饰生活资料的官吏，凡是比较高级的染织品、刺绣品及装饰用品，从原料、成品的征收、加工制作及分配使用，都受奴隶主政权严格的控制。

三、服饰颜色等级制度的内容表现

周代服饰的结构较为复杂，尤其是贵族服饰，除去冠、履及衣裳这几类用于蔽体的基本部分，还有各种材质的蔽膝、玉衡等装饰物。但无论何种服饰，冠、上衣、下裳、蔽膝和履应当是一套服饰的核心部分，而这每一小部分都有其独特的颜色等级规定。

（一）冠

《礼记·冠义》曰："故曰冠者，礼之始也，是故古者圣王重冠。"古人认为冠礼是一切礼仪的开端，因此自夏以来贵族就重视冠礼。但直到周代衣冠制度逐步完备，并要求贵族成年男子均需戴冠之后，冠才有了明确的等级划分。

从现存记载来看，周代最尊贵的礼冠当数冕冠。冕冠搭配冕服，主要出现在天子和诸侯祭祀的场合，卿大夫作为助祭时也可佩戴冕冠，但冠上的玉旒数量要随着身份等级的下降而递减。除此之外，冕冠也是天子继位时所戴的礼冠。《尚书·顾命》就提到周康王继位时头戴麻冕："王麻冕黼裳，由宾阶隮。"冕冠服原本为吉服，但康王登基时正值前代天子成王丧期，因此必须佩戴等级相对较低的素色麻冕以表明为父服丧，素色即白色。通常情况下，冕冠并非素色。郑玄在《礼记·玉藻》中注明冕冠为"玄表纁里"，外表的玄色代表天的颜色，属于黑色系的一种，为正色，因此冕冠也可以说是以黑色为主色。据此可知，在冕冠颜色中，黑色当尊于素色（白色）。

除冕冠以外，弁冠的地位也比较尊贵。弁冠主要有爵弁、皮弁、韦弁三类。爵弁和皮弁为礼冠，郑玄认为："皮弁者，以白鹿皮为冠。……爵弁者，制如冕，黑色，但无缫耳。"爵弁为卿大夫的专属礼冠，士只有在为大夫助祭和加冠礼等场合才能暂时佩戴爵弁冠。《礼记》也提道："三加弥尊，喻其志也。"郑玄注曰："始加缁布冠，次皮弁，次爵弁，冠益尊而志益大也。"由此可见，黑色爵弁要尊于白色皮弁，故而在弁冠中黑色地位当高于白色。关于韦弁，《周礼》认为："凡兵事，韦弁服。"韦弁是军戎之冠，由赤色的皮制成。之所以选择赤色的皮革，是因为周代重兵事且崇尚赤色，佩戴赤色韦弁能体现出戴冠者对于战事的重视，也与所乘的赤色马相配。

贵族中最为常见的冠当数缁布冠和玄冠。缁布冠为黑色，是自诸侯以下贵族的始加之冠，在加冠礼之后便可弃之不用。而玄冠虽然自天子至士族皆可佩戴，但必须以冠上的组缨来严格区分身份等级："玄冠朱组缨，天子之冠也。……玄冠丹组缨，诸侯之齐冠也。玄冠綦组缨，士之齐冠也。"古代朱色、赤色和丹色都为赤色类，虽同属于正色，但颜色的深浅不同：朱色和赤色相近，染色过程复杂，而丹色颜色较浅，染色程序相对简单。因此朱色和赤色地位要略高于丹色，为了区分身份等级，天子玄冠为朱色组缨，诸侯玄冠为丹组缨。而綦为青黑，属间色，与正色相比地位最低，作为下层士族的冠饰也不足为怪。

除日常的冠冕之外，还有一种冠在冠礼制度中占据着重要地位，那就是与丧服相配的缟冠。丧祭体现生者对死者的不舍和怀念，展示出古人的人伦尊亲观，故而周代礼仪十分重视丧祭礼。祭祀时，人们通常按照身份等级戴冠冕：冕冠、弁冠或玄冠。而为长者服丧时，则必须戴白色缟冠。《礼记・玉藻》曰："缟冠玄武，子姓之冠也。缟冠素纰，既祥之冠也。"男子在父亲丧服未除的情况下，应佩戴有黑色冠缨的白色冠，而为父服丧应佩戴有白绢镶边的白色冠。

总体而言，周代的冠冕以黑色（玄、缁）和赤色（朱、丹）最为尊贵，白色略逊，綦色等间色则又次之。

（二）衣裳

《周易・系辞下》："黄帝、尧、舜垂衣裳而天下治，盖取诸乾坤。"衣裳是一套服饰的最核心部分，上衣代表天，下裳代表地。自古以来人们就有"乾尊而坤卑"的观念，因此也要求服装的上衣颜色要比下裳的颜色更尊贵。同时，古人也认为正色代表高洁的品质，所以总体而言，贵族上衣颜色多为正色，下裳颜色则可以选择地位低于上衣颜色的其他正色，也可以直接选择间色。

从材质上看，衣裳主要分为丝布衣和裘衣。因为材质的不同，所以衣物遵循的色彩等级也不相同。

1. 丝布衣裳

丝布衣物普遍遵循上衣下裳的原则，同时，部分服饰的颜色严格遵循"上正下间"式，如冕服："衣正色裳间色。"郑玄注曰："（此）谓冕服玄上纁下。"虽然从天子到大夫皆可穿上衣玄色、下裳纁色的冕服，但穿衣的场合受身份等级的限制，比如在天子或诸侯祭祀的场合，卿大夫只有作为助祭时，才可以穿戴冕服。同时为了区分身份等级，冕服上的纹饰也必须随着等级的增加而越加丰富。其次，是地位略逊于冕服的爵弁服。爵弁服是卿大夫私祭时所穿的礼服，《仪礼》提道："爵弁服，纁裳、纯衣。"爵弁服和冕服一样都是丝质礼服，不同的是爵弁服由纯衣和纁裳组成，纯衣为黑色而非玄色。由此可知，玄色与黑色虽同属黑色类，但地位明显高于黑色。

与冕服和爵弁服相比，既可以作为士私祭礼服，又可以作为天子和诸侯燕居服的玄端服既没有纹饰，也非丝织品，因此必须靠服装的颜色来区分着装者的身份等级。《仪礼・士冠礼》提道："玄端，玄裳、黄裳、杂裳可也。"郑玄注解了玄端服的具体色彩要求："上士玄裳、中士黄裳、下士杂裳。杂者前玄后黄。"因此当玄端服作为天子和诸侯的燕居服时，为朱色下裳，而作为士私祭服时则为玄裳、黄裳、杂裳。据此可知，仅是玄端服的下裳这一部分，颜色就划分出严格的等级：以朱色为尊，依次向下为玄色、黄色和杂色。

最后是深衣，深衣是唯一一种衣和裳相连的布衣，是除天子以外其余贵族的家居便服。深衣采用不同颜色的衣料作为衣领边缘，称之为“纯”，不同颜色的边缘代表不同的家庭情况：“具父母、大父母，衣纯以缋；具父母，衣纯以青。如孤子，衣纯以素。”若祖父母和父母均健在，深衣当为彩色边缘；若祖父母或父母已故，应当穿着等级较低的青色或白色为衣纯。由此可知，在凭借衣纯色彩区别等级的深衣中，青色应当尊于白色。

《礼记·玉藻》曰：“无君者不二彩。”古人认为地位越高，衣服的色彩就越多，因此贵族各类服饰，必须包含至少两种颜色。但在遭遇特殊情况时，就不能穿华丽的服饰。如《左传·僖公三十三年》：“秦伯素服郊次，乡师而哭曰：‘孤违蹇叔以辱二三子，孤之罪也！’”国君身穿素色衣裳，卸下华丽的装饰，以此表明自己的所作所为愧对于自己君主的身份，有自请降罪的含义。除国君之外，卿大夫和士因为犯错被驱逐时，也应着素服，并面向祖国的方向，痛哭忏悔：“大夫、士去国，踰竟，为坛位，乡国而哭，素衣、素裳、素冠。”

总之，贵族的丝布衣裳遵循正色高于间色的原则。在正色中，黑色地位高于赤色、黄色和青色，而白色虽为正色，却很少作为上衣色彩出现。之所以白色不被贵族推崇，大体是因为丧葬的主色为白色，如素色的麻冕、缟冠等。

2. 裘衣

在周代裘服是贵族的祭服和朝服，也可作为冬季御寒的衣物。当时的裘服十分珍贵，为了保护它的毛色，人们通常会在裘服外加一件外衣作为保护，这种专门用于保护皮毛的外衣被称为裼衣，也叫中衣。贵族对裘服十分重视，常作为身份等级的标志，因此人们很注重裼衣与裘服的搭配，尤其是色彩方面。《论语·乡党》曰：“缁衣，羔裘；素衣，麑裘；黄衣，狐裘。”羔裘是诸侯的私朝服，狐裘则是诸侯和卿大夫朝见天子时所穿的礼服。《诗经·桧风·羔裘》也提道：“羔裘逍遥，狐裘以朝。”羔裘为黑色羊羔皮，需黑色裼衣相配；而麑裘为白色鹿皮，则要白色裼衣相配；狐裘则配以黄色裼衣。《左传·昭公十二年》也认为“黄，中之色也”。此处的黄色中衣即为狐裘裼衣。

然而，并非所有的狐裘都必须以黄色裼衣为外衣，《毛诗传笺》就认为“黄衣狐裘”仅仅是天子腊祭时的礼服，即“大蜡而息民则有黄衣狐裘”。通常情况下，贵族狐裘服只有白狐裘和青狐裘之分。白狐裘是天子和国君的专属裘服，大夫和士不能穿白狐裘，只能穿青裘。《礼记·玉藻》曰：“君衣狐白裘，锦衣以裼之。……君子狐青裘豹褎，玄绡衣以裼之。”郑玄对此注评，认为“君衣狐白毛之裘，则以素锦为衣覆之。……君子，大夫、士也。绡，绮属也，染之以玄与狐青裘相宜也”。《诗经·唐风·扬之水》也提到君主的中衣为“素衣朱襮”，即白衣、朱色领。所以白狐裘要搭配白色裼衣，青狐裘要搭配玄色裼衣。由此可知，除青狐裘和腊祭裘服之外，其他裘服的颜色均与裼衣的颜色相同。裘服和裼衣均以白色为尊，其次为黄色，黑色和青色再次之。

历史上还有少量关于周代贵族妇女礼服的记载。《周礼·内司服》：“掌王后之六服：袆衣、揄狄、鞠衣、展衣、褖衣、素纱。”郑玄注曰：“鞠衣，黄衣也。素纱，赤衣也。……

展衣，白衣也。……子男之褖衣黑，则是亦黑也。……阙狄，赤；揄狄，青；袆衣，玄。”以上六服为王后随王祭祀时的礼服和日常时所穿衣物，除袆衣和素纱为王后专属礼服之外，其他服饰也可作为大夫妻子和士妻子的礼服，并依据服饰颜色来区分等级：“王后袆衣，夫人揄狄……君命屈狄……再命袆衣，一命襢（展）衣，士褖衣。”郑玄认为，此处的“屈狄”应当为《周礼》中提到的“阙狄”，色赤；而“再命”的“袆衣”依据尊卑等级来说应当是王后六服中的鞠衣。因此袆衣是王后随王祭祀先王的礼服、揄狄为侯伯夫人礼服、屈狄为子男夫人礼服；在子男之国，卿的妻子穿鞠衣，襢衣为大夫之妻礼服、褖衣为士之妻的礼服。总体而言，贵族妇女的礼服颜色以玄（黑）色为尊，其后依次为青、赤、黄、白。

（三）蔽膝

蔽膝是服饰的重要组成部分，常罩在下裳的外面，有保暖和美观的作用，贵族利用它的颜色和上面的图案来区分等级。蔽膝有三种：第一种为芾，由布帛制成。《诗经·曹风·候人》：“彼其之子，三百赤芾。”毛传认为：“大夫以上赤芾乘轩。”《诗经·小雅·斯干》：“朱芾斯皇，宜家君王。”因此朱芾是天子和诸侯的专属，大夫可佩戴赤色芾，故而朱色尊于赤色。另一种蔽膝为韠，由熟制的皮革制成。韠是贵族日常所用的皮质蔽膝，根据身份等级有不同的形状，颜色与下裳一致。《仪礼·士冠礼》：“皮弁服：素积、缁带、素韠。玄端：玄裳、黄裳、杂裳可也，缁带、爵韠。”《礼记·玉藻》则曰：“韠：君朱，大夫素，士爵韦。”所以，韠以朱色最为尊贵，其次为白色和爵（黑）色。第三种为韨，和韠一样为皮革制品，但只能作为祭服的蔽膝出现。《礼记·玉藻》：“一命缊韨幽衡，再命赤韨幽衡，三命赤韨葱衡。”郑笺：“缊，赤黄之间色。”公卿和大夫可佩戴赤色韨，而士则佩戴间色韨。总体而言，以上三种蔽膝都以朱色或赤色为尊，不仅遵循“正色尊于间色”的原则，也体现了周代崇尚赤色的特点。

（四）履

自原始时代，人们已经懂得用皮毛裹脚以防止受伤。夏商周时期，履逐渐成为服饰的重要组成部分。在周代，履也称为屦，贵族十分注重履与服装的搭配。《仪礼·士冠礼》：“履，夏用葛，玄端黑屦……素积白屦……爵弁纁屦……冬，皮屦可也。”郑笺曰：“屦者，顺裳色。玄端黑屦，以玄裳为正也。”贵族所穿的屦用料十分考究：夏天以葛布为材料，冬天则使用皮革制成。颜色搭配也有特定的规则：屦色与裳色相同，如玄端服的玄裳搭配黑色屦、素裳搭配白色屦、爵弁服的纁裳则搭配纁色屦。

除葛布屦和皮屦以外，贵族还有一种特殊的皮质鞋，称之为舄。周代有“屦人”一职专司天子及王后的屦和舄，《周礼·屦人》：“掌王及后之服屦，为赤舄、黑舄、赤繶、黄繶、青句素屦葛屦。”郑笺：“……王吉服有九，舄有三等，赤舄为上冕服之舄……下有白舄、黑舄。”《诗经》也有许多关于舄的记载：“公孙硕肤，赤舄几。”天子赏赐韩国国君的礼服则为“玄衮赤舄”。可见，赤舄为周天子和诸侯的专属鞋履，地位最为尊贵。

总体而言，周代贵族的屦与舄和衣冠一样，把颜色作为区分尊卑等级的重要依据：以赤色为尊，其次分别为黑色和白色。

第三节　春秋战国时期服饰

一、春秋战国时期的服饰背景

公元前 771 年，周平王即位，中国历史进入春秋时期。这个时期是中华服饰文化变革的第一个浪潮。主要表现在：第一，农业和手工业快速发展，使服装材料得以发展，纺织材料、染料的流通领域得以扩大，齐鲁一带迅速发展成为当时我国丝绸生产的中心地区，齐国获得“冠带衣履天下”的美称。第二，服装色彩观念改变，稳重、华贵的紫色，被视为权贵和富贵的象征，取代朱色成为正色。第三，服装配套结构产生变革，一方面，社会上层人物的服装受中国传统审美观念的影响，仍然是宽衣大袖的服装；另一方面，军人和普通劳动者的服装则废除传统的上衣下裳，下身单着裤而不加裳。这一变革要归功于战国的赵武灵王，他对我国后世服装的发展产生了深远影响。

二、百家争鸣与诸子百家的服饰观

春秋战国时期，中原地区出现了大批的有才之士，在思想、政治、科技、文学等领域造诣颇深。他们各自坚持本学派的理论见解，百家争鸣，产生了儒家、道家、墨家、法家、兵家、杂家等诸多学派，他们的论著中有很多内容涉及服饰审美。儒家提倡：“质胜文则野，文胜质则史。文质彬彬，然后君子。”强调真正的君子要达到质文兼备，内部质素和外在文饰相统一。道家主张“被褐怀玉”，强调真正的君子虽然身穿粗布衣服但品质高尚，有真才实学。墨家主张“节用”，强调服装不必过分豪华，只要能满足人的日常温饱所需即可，提倡节俭。

三、春秋战国时期的服饰特点

深衣是西周以来传统的贵族常服，平民之礼服。至春秋战国时期，深衣的样式发生了很大的变化，并且在民间广泛流行。深衣的特点是上衣与下边的裙裳连成一体，形如连衣裙，通常为续衽钩边、交领右衽、下摆通直不开启，分曲裾袍和直裾袍两种。为了表达传统的“上衣下裳”观念，服装在裁剪的时候，把上衣与下裙分开，然后在腰围线处缝合起来，表示对祖宗法度的尊重。裙子用 6 幅布制作，每幅布还会分解为二，共裁成 12 片，以对应每年的 12 个月。这 12 片布是采用斜角对裁，裁片的一头宽、另一头窄。在裙子的右衽用斜裁的布料接出一个斜三角形，穿的时候从前向后绕于腰间，然后用腰带系扎。深衣是君王、文臣、诸侯、武将等都能穿的服装。深衣被赋予了很多儒家理念，如：袖圆似规，领方似矩等，符合规、矩、绳、权、衡五种原理，所以深衣是比朝服仅次一等的重要服装。深衣的用料一般为高档丝织物，纹样绚丽多姿，深受当时人们的喜爱。

“胡服骑射”是中国服装史上的第一次服饰变革。胡服是指西北地区的少数民族服装，与中原地区传统的宽博式汉族服装不同，一般为短上衣、长裤子配高筒靴，衣服偏窄瘦，方便活动。商周以来，中国传统的服装样式为上襦、深衣配下裙，或者上襦与下裙配套；下裙通常穿于上襦和深衣的外面。裤是没有裆的开裆裤，只有两个裤管，穿的时候，将两个裤管套在小腿上，也称为胫衣。这种服装的穿着搭配非常繁复，虽然对于体现人的身份地位发挥了一定的功能，有着独特的审美功能，但穿着的时候很麻烦，而且不方便人体运动，特别是不适应山区作战骑射时的剧烈运动。战国时期，位于河北的赵国，经常与东胡（今内蒙古南部、热河北部及辽宁一带）、娄烦（今山西西部）两个相邻的民族发生军事冲突。公元前 307 年，赵武灵王决定进行军事改革，训练骑兵制敌取胜。而要发展骑兵，就需进行服装改革，具体的做法是学习胡服，吸收东胡族及娄烦人的军人服饰，废弃传统的上衣下裳，将传统的套裤改为有裆裤，有裆裤能够保护士兵在骑马的时候，大腿和臀部的皮肤少受摩擦，而且在裤子外边不用穿裙裳，简洁方便，在服装的功能上是极大的改进。赵武灵王进行的服装改革，在中华服饰史上具有里程碑意义，开创了中国服装史上第一次变革，但是，当时的人们受到传统审美观念的影响，不能接受这种穿裤子的服装样式，有身份地位的人仍然是穿宽大的袍子和裙子，只有劳动者和军人才穿短上衣和裤子。

春秋战国时期，服饰纹样造型夸张，通常以直线为主，弧线为辅来表现整体划一、严峻狞厉的服饰风貌。春秋战国时期服饰纹样的造型由变形走向写实，艺术格调由静止向活泼生动转变，服饰纹样不受几何骨骼的约束，图案纹样可以超越几何框架的边界灵活处理，反映出春秋战国时期服饰纹样的高度成熟。

四、春秋战国时期的饰品

春秋战国时期，首饰和佩饰更加强调造型美，通常选用珍贵的材质加工制作，制作工艺技巧也更加精湛，饰品的种类更加丰富。商周时期的腰带多为丝帛所制的宽带，因在这种宽丝带上挂钩或装饰佩饰极不方便，所以后来人们开始束革带。最初，在革带的两头用短丝线系结或系环，但是却不美观，因此，有身份、有地位的人都把革带藏在服装的里面，然后在上衣外面系绅带，只有贫穷的劳动者才直接把革带束在服装外面。直到春秋早期，由于改进了带钩，上层人士才开始把革带露在服装外面。经过改良的革带一头用铜带钩固定，另一头设计为环状或在革带上打孔眼，这样带钩勾住环或孔眼就能把革带勾住，使用起来方便、美观。除此之外，带钩在当时还作为区分身份地位的标注。在《淮南子·说林训》中有这样的记载：“满堂之坐，视钩各异”，这说明，此时人们都已经将革带露在外面，并且革带上的带钩成为区分人们身份地位的标记。人们不但把革带漆成各种颜色，还在其上镶嵌金玉等各种装饰。春秋早期山东蓬莱村的墓葬考古资料就证明了这一点。战国时期也有带钩出土。战国时期的带钩，材质高贵，造型精美，制作工艺也十分考究。带钩的材料有玉质的、金银的、青铜的、铁的，形式有多种变化，但钩体都作S形，下面有柱。制作工艺除了雕镂花纹之外，还在青铜上镶嵌各种绿松石，或者在铜或银上进行鎏金，在铜、铁上进行错金嵌银的金银错工艺。春秋战国的统治者，一般都有玉佩，当时的佩有全佩、组佩等各种装饰性玉佩。全佩由琚、珩、璜、冲牙、瑀等组成，由于其佩制失传已两千余年，其组合方式至今仍难以定论，只能借助出土文物做相关了解。河南洛阳金村出土的玉佩，全长达到42厘米，造型为对称的舞女，并以金链子贯穿玉质舞女，另外有璜、管、冲牙等共同组成佩饰。两个舞女为短发，两鬓有装饰，衣长及地。在河南辉县也出土过两件战国的全佩，其形状为在玉瑗上悬挂左右两个珩，在左右两个珩下各挂一个璜，从瑗中央悬挂一个冲牙，垂于珩和璜中间。另外，装饰性玉佩还包括生肖形玉佩，如龙纹佩、人纹佩、兽纹佩、鸟纹佩等，这类玉佩更为细腻精美。

春秋战国时期，周王朝衰微，以周天子为中心的“礼治”制度走向崩溃。诸侯争霸战争加快了统一的进程，促进了民族融合，国家政治、社会经济、思想文化等各方面都经历了前所未有的变动。诸子百家著书立说，形成了中国古代思想史上的“百家争鸣”局面。社会的变革也在服饰文化中反映出来，春秋战国时期是中华服饰文化变革的第一个浪潮。春秋战国时期，礼崩乐坏，礼制的清规戒律被打破，深衣广泛流行。战国的赵武灵王推行以“胡服骑射”为中心的军事改革，废除传统的上衣下裳，下身单着裤而不加裳，使赵国成为战国后期东方六国中唯一能与强秦抗衡的国家，开创了我国服饰史上第一次服饰革命，具有里程碑式的重要意义。

第二章　秦汉魏晋南北朝服饰

第一节　秦代服装

公元前221年，秦嬴政统一中国，到公元前206年秦二世胡亥亡国，秦执政仅15年，在这15年里，嬴政改变了战国时“田畴异亩，车途异轨，律令异法，衣冠异制，言语异声，文字异形”（许慎《说文解字·叙》）的分裂局面，而且在空前广大的国土上，第一次建立起中央集权制帝国的各项制度，对后世产生了深远的影响。

一、秦的礼俗及社会生活

秦朝时期与西戎杂处，形成“与戎狄同俗”“不识礼义德行”（《战国策・魏策三》）的风习，在前面冕服一章述及秦时已提到秦对周礼的排斥态度。但秦自商鞅变法后，大力改革这种落后的风俗状况，到秦统一六国前夕，秦国民风已为六国士人所称道。如荀子说：“入（秦）境，观其风俗，其百姓朴，其声乐不流污，其服不佻。”（《荀子・强国》）

秦始皇统一六国后，利用法家思想进行统治，强调“法、术、势”的作用，把端正风俗作为治民的一个重要内容，对成为统一封建文化的艺术大加提倡。在他出巡各地的途中，也把考察当地风俗作为视察地方的目的之一。泰山石刻有：“男女礼顺，慎遵职事”等句，会稽石刻有：“防隔内外，禁止淫泆，男女絜诚”等句，在端正风俗的过程中，秦始皇虽有用刑过滥之嫌，但他正俗的愿望和国策是值得肯定的。

这些措施的实行，为秦的经济、文化的发展提供了便利条件，也为秦服饰文化的确立奠定了基础。

二、秦的服饰

在春秋战国时期，五侯称霸、七国争雄、田畴异亩、车途异轨、律令异法、衣冠异制、言语异声、文字异形、在思想文化领域，存在百家争鸣的局面。儒家主张衣冠服饰应以西周的礼制为准绳；墨家主张衣冠服饰和生活器具应以尚用为目的；其后荀卿提倡“冠弁衣裳，黼黻文章，雕琢刻镂，皆有等差”；韩非主张崇尚自然，反对修饰。而在实际生活上，诸侯各国因地理条件和风俗习惯的不同，各国在衣冠服饰的崇尚方面，一向存在很大的差异。《墨子·公孟》曾谈到齐桓公高冠博带，金剑木盾；晋文公着大布之衣，牂羊之裘，韦以带剑；楚庄王鲜冠组缨，缝衣博袍；越王勾践剪发文身。由于战争引起的动乱和各诸侯国之间交往活动的频繁，各国服饰文化，也都在交互影响和生活的优选过程中进行着改革，以适应时代生活的节奏。例如赵武灵王的术士冠，形式与楚庄王的仇冠相近；楚国的通梁组缨为秦国采用，名为远游冠，楚国的獬豸冠被秦国拿来赐近臣御史所戴；秦灭赵，把赵国国君的高山冠拿来为秦王所戴，赵国的惠文冠则被秦国拿来赐近臣。战乱的局面促进了诸侯各国间的接触，促使民族服饰文化的融合与发展。公元前 221 年，秦始皇统一中国，建立了中国历史上第一个封建大帝国。他相信阴阳五行学说，认为黄帝时以土气胜，崇尚黄色；夏朝是木德，崇尚青色；殷商是金德，崇尚白色；周文王以火胜金，色尚赤；秦以水德统一天下，色尚黑。并以六数为各种制度的基数，如冠高六寸，轨宽六尺，二百四十步为一亩，全国分为三十六郡等等。但因秦始皇当政不久，没有来得及制定官服制度。公元前 210 年，秦始皇在出巡路上病死，由于秦朝实行苛政，公元前 207 年，秦军主力被项羽率领的义军打败。次年，刘邦攻占咸阳，秦朝灭亡。至公元前 206 年刘邦称帝建立汉朝，历史进入西汉时期。秦朝国祚只有短短的 15 年。

秦在新秦国成立之初，不仅对周礼态度轻慢，而且对六国原有的传统也非常倨傲。由于秦实际统治的时间很短，还未来得及建立系统而完备的服制礼仪，但秦朝在兼收并蓄六国服制、使衣冠由异变同的过程中，融合众家特色，也产生出独有秦朝精神风貌的衣冠服饰来。秦统一之后的大气之势从它的服制中一览无余。《中华古今注》记载有："秦始皇三品以上绿袍、深衣，庶人白袍皆以绢为之。"由于年代久远，具体服色已不可考，但深衣、袍服还是有资料确认的。从 1974 年 3 月秦始皇兵马俑被发现以来，陆续出土的各种身份的陶俑为我们研究秦的服饰提供了佐证。展示秦服饰的秦俑类型主要有跪坐俑、武士俑、将军俑和战车马几种。

（一）跪坐俑

大型妇女跪坐俑是从秦皇陵的外城以东挖掘出土的，她们的装束是曲裾式之袍服。这种曲裾袍具有典型的楚国服饰性质，只是秦的曲裾袍较楚服更宽大一些，领缘较宽，衣袖层叠，衣襟旋转而下。曲裙衣的应用，春秋战国至汉代都有一定普遍性。从此俑看，秦代的妇女多服此服。

（二）武士俑

秦武士俑的服装主要有甲衣、襦衣和裤。其中襦衣和裤的穿着，体现的是秦男子的普通着装习惯。

甲衣是穿在外面的专用于护体的防御之服。秦武士俑中的军吏俑、御手俑、步兵俑、骑兵俑的甲衣各不相同，即使军吏俑中，将军俑和兵士俑，也因级别不同而不同。从这些兵将所穿的七种不同形制的甲衣来看，秦代铠甲主要有两种基本类型：第一种类型为军队中指挥人员的装备，它的护甲是由整块皮革或其他材料制成的，有的在前胸、后背及双肩饰有用彩带扎成的花结，四周镶有宽边，上绘精致的色彩绘几何形图案。第二种类型为秦兵俑中最为常见的甲式，也是普通士兵的装束。它是由正方形或长方形甲片连缀而成的一种铠甲。穿时由上套下，再用带钩扣住，里面则衬以战袍。尽管这些铠甲形制不同，但编缀方法却大都一样，分固定甲片和活动甲片，固定甲片主要用于胸前和背后，活动甲片主要用于双肩、腹前、腰后和领口。从具体形制看，甲身的长短还反映出不同的身份和兵种，如步兵所穿的甲衣，衣身大多较长，骑兵所穿的甲衣，衣身就做得较短，结构繁简也不同，普通士兵的甲衣甲片较大，结构也较为简单，驭手的甲衣形制就比较复杂，因其驾驶战车驰骋在军阵前列，容易受到攻击。

襦衣有长襦和短襦之分。其样式基本相似，都是右衽交领、曲裾，所不同的只是长短上的区别。观察秦俑形象，可知高级军吏俑的长襦为双重，中级以下一般武士的长襦则为单襦。

秦俑襦衣的衣领除右衽交领之外，在1号兵马俑坑出土的武士俑中，还可看到几款特殊的衣领形式，即交领的一边向外翻卷出各种形状：有长三角形、小三角形、窄长条形，还有在内外衣领之间饰以围领的。

在此需要说明的是秦襦衣与袍服的不同，区别主要有两个。

第一，秦时虽有袍，但此时的袍是亵衣（内衣），不能外穿。《秦风·无衣》中："岂曰无衣，与子同袍"的兄弟情谊，只有在知道先秦袍服是贴身内衣的前提下，才能真正体会其中男人间兄弟之情的震撼力。第二，袍与襦的长度不同。《释名》的解释"袍，大夫著，下至跗背也"表明袍长及足，而襦则不然，襦的长度多为齐膝。

秦始皇兵马俑中的武士俑，下体穿裤，有长短两种。长裤主要见于中高级军吏俑，裤长至足踝，且紧紧收住踝部，似有带系扎。短裤多见于步兵俑和车兵俑，裤管较短，仅能盖住膝部，脚口宽敞，形状多样，有喇叭形、圆筒形、折波形、六角形、八角形、四方形等。

（三）钩络带

秦国带钩的使用，最早可上溯到春秋时期，在山东、陕西、河南等地出土的春秋墓葬中屡有实物发现，史料也有记载。由于钩络带结扎起来比绅带更便利，因此逐渐被普遍使用，取代了丝绦的地位。至战国以后，王公贵族、社会名流都以带钩为装饰，形成一种风气。带钩的制作也日趋精巧。它的作用除装在革带的顶端用以束腰外，还可以装在腰侧用以佩刀、佩剑、佩削、佩镜、佩印或佩其他装饰物品。南北朝以后，一种新型的腰带"蹀躞带"代替了钩络带，"蹀躞带"不用带钩，而用带扣，带钩的作用便随之消失。

三、秦代首服

自上古始，无论是披发文身的氏族成员，还是冠发整齐的社会成员，对头发都是非常重视的。自周以后，传统观念强调：皮之毛发皆受之于父母，损坏就是不孝。不仅自己要加以保护，其他人同样不能损伤，睡虎地秦简《法律答问》中就有：如果两人执剑械斗，斩落他人发髻的人要被判4年有期徒刑。由此可见，无论戴冠还是科头，秦人对冠与发都非常重视。

（一）冠饰

秦兵马俑因其制作忠实严谨地按照实物塑造作品，一丝不苟，陶俑头上冠戴的造型、发髻挽结的走向及一丝一丝的头发，都缕缕刻出，蹲姿射俑鞋底上的针线也刻得和生活中一模一样，所以，秦兵马俑的服饰资料是研究秦服饰宝贵而可靠的第一手资料。秦兵马俑坑出土的武士俑中，也有不少戴冠的形象，所戴冠有皮弁、长冠、鹖冠等。

皮弁见于2号俑坑中的骑兵俑，所戴小冠，形如覆钵，前低及额，后长至脑，后中部绘有一朵较大的白色桃形花饰，两侧各有一长耳，下联系颔窄带，冠体似皮质硬壳，满饰三点一组的朱绘梅花散点纹样。

长冠貌似鹊尾形，是御手俑、部分车右俑和中下级军吏俑的首服，有单板和双板两式。单板长冠状如梯形板，长15.5~23厘米，前端宽6.5~10.5厘米，后端宽13.5~20.3厘米，整个冠板分前后两个部分，后部平，前部倾斜呈45°角，尾部下折似钓。而双板长冠的形状与单板长冠相似，所不同的仅是冠板正中有一条纵行线，意在表明长板系左右拼合而成。戴双板长冠的是中级军吏，而戴单板的只是驭手和下级军吏，这里冠戴具有标示地位高低的作用。

鹖冠这种冠饰见于铜车马的御官俑。鹖即鹭鸟，今俗称野鸡。据传此鸟性好斗，至死不屈，因此为武官冠饰，以示英武。此冠形状较特殊，前半部如方形板，后半部歧分为二，并旋转成双卷的雉尾形。鹖冠通常为红色，个别的冠带用橘红色，冠质硬直，似为漆布叠合而成。从文献记载来看，这种冠始于战国时的赵武灵王，秦袭之。《后汉书·舆服志》记载："武冠，俗谓之大冠，环缨无蕤，以青系为绲，加双鹖尾，竖左右，为鹖冠云。五官：左右虎、羽林、五中郎将、羽林左右监皆冠鹖冠，纱縠单衣。……鹖者，勇雉也，其斗对一死乃止，故赵武灵王以表武士，秦施之焉。"

秦代对六国的制度多所损易，鹖冠也不仅仅是武士冠，文士也有戴此冠者。汉魏晋直至唐此冠一直有使用记载，不过到唐代此冠已无战国秦汉的本意，沦落为贫民的"贫贱之服"旋即退出历史舞台。

（二）发式

发式也是秦兵马俑中精细描绘颇显"世界第八大奇迹"神奇所在之处。秦俑的发式，一丝一发，发髻走向，均缕缕细刻，令人感叹叫绝。秦俑的发髻大体分圆髻和扁髻两种。

圆髻。此类发髻是在后脑及两鬓各梳一条三股小辫，互相交叉结于脑后，上扎发绳或发带，交结处戴白色方形发卡，最后在头顶右侧绾髻。髻有单台圆髻、双台圆髻、三台圆髻的变化。发辫交结形式也有很多种，有十字交叉形、丁字形、十字形、大字形、一字形、枝丫形、倒丁字形等，尤以十字交叉形和枝丫形最为多见。圆髻为轻装步兵俑和部分铠甲步兵俑的首服样式，秦代流行的圆髻在后世普遍沿用，但后朝沿用时将偏右的髻式移于头顶中央。

扁髻。扁髻是在脑后绾结成扁形的髻式。有6股宽辫形扁髻和不加辫饰的扁髻两种。前者又可梳编成多种形状，如长板形、上宽下窄的梯形、高而厚的方塔形、丰满的圆鼓形。在这些髻式里，有些翻折上头顶的头发有多余的发梢，这些余发常又盘结成圆锥状的小髻，再以笄加以固定。后者梳理时不编辫，梳理整齐后翻上头顶，在头顶用发梢结髻，以笄固定。陶俑的材料决定它的立体感，所以，我们今天并不知道当时的秦人是采用什么方法在不编发的情况下固定头发的，也许有类似于发胶的东西存在。这种发式多见于军吏俑、御手俑、骑兵俑和部分铠甲武俑。而且这种梳髻不戴冠的"科头"情形，在秦军队中非常普遍。

四、秦的戎服

秦的戎服，主要表现在秦兵马俑的出土问世。秦兵马俑坑，位于陕西临潼秦始皇陵东侧1.5千米处，1974年发掘后，顿时轰动了全球，被誉为"世界的奇迹""20世纪最壮观的考古发现"。俑的出现始于春秋战国奴隶社会末期。在商周时期，奴隶主生前过着钟鸣鼎食的豪侈生活，死后也想在幽冥世界保持和生前同样的享受，于是就以大批奴隶殉葬，"天子杀殉，众者数百，寡者数十；将军大夫杀殉，众者数十，寡者数人"(《墨子·节葬》)。春秋战国时期奴隶制度瓦解，封建制在各国相继建立，杀殉丧葬的残酷习俗也发生了变化，开始以俑代替活人殉葬。

《礼记·檀弓》："为刍灵者善，为俑者不仁。""刍灵"是草扎的人，俑是用木刻、泥塑或金属浇铸的人。汉唐时期的俑在一定程度上反映了社会生活，包括侍从、杂役、乐舞、杂技、兵马等，不少是现实主义的杰作，秦俑的制作尤其如此。秦始皇陵兵马俑的一号坑，面积11260平方米，埋藏高大的陶俑、陶马6000余件；二号兵马俑坑面积6000平方米，埋有大型武士俑900余件，拉车的陶马和骑兵的鞍马470余匹，木质战车89乘；三号俑坑面积520平方米，埋有木质战车1乘，陶马4匹，武士俑68件。三处俑坑总面积17780平方米，计有陶俑、陶马7000余件，战车100余乘。陶俑高度一般为1.80米左右，最高者达2米，最矮者1.75米。古代称身高八尺（1.81米）为彪形大汉，秦俑多数达到彪形大汉的标准。陶马身长2米，通首高1.72米，与真马大小相当。这批兵马俑塑造精巧，神情面容栩栩如生，呼之欲出。以秦军为模特儿塑造的秦俑，形象逼真，其服饰、冠履等情况清楚地展现在我们面前，就像见到秦军一样，服装、鞋帽和发式刻画十分细致真实，而且腰间的佩剑、手提的弓弩、背负的矢服和手持的戈、矛、戟等兵器都是实用的金属武器，靷（yǐn 音引）、辔等器具也是实用器物，这就为研究秦代武士服饰提供了最具体的形象资料。从这些武士俑的服装得知，有等级和兵种的区别，不同官阶有不同的冠饰和甲衣，军官戴冠，战士不戴冠，骑兵和车兵的装束不同，车兵中驭手和战士的装束又不同，步兵中前锋和后卫战士的装束亦各异。在秦俑坑没有发现盾和盔等防御性装具。秦士兵主要来自关中地区的秦人及少数巴蜀人和西北少数民族。秦国男子16岁开始服兵役，到56岁免役。

骑兵俑身着胡服，头戴小帽，一手牵拉马缰，一手握着弓弩。《六韬》："选骑士之法，取年四十以下，长七尺五寸（1.733 米）以上，壮健捷疾超绝伦等，能驰骑彀（gòu 音构）射，前后左右周旋进退，越沟堑，登丘陵，冒险阻，绝大泽，驰强敌，乱大众者，名曰武骑之士，不可不厚也。”

步兵有隶属步兵、独立步兵、弩兵。隶属步兵身穿铠甲，手持弓弩或戈、矛，有的排列于车前成为战车的前队，有的尾随于车后，成为后续队。独立步兵、弩兵，有的是不穿铠甲的轻装步兵，有的是身着铠甲的重装兵，轻装者多位于前锋，重装者位于后阵。弩兵有立姿和跪姿两种。

一号坑为步兵战车混合编组的长方形军阵，前锋武士俑，轻装不穿铠甲，免盔束发，腿扎行縢（即裹腿），手持弓弩。前锋之后，是战车和步兵相间排列的 38 路纵队，这些武士俑都身穿铠甲，胫缚护腿，手持矛戈或弓弩。二号坑呈曲形阵，第一小方阵军阵前角由 174 件立式弩兵组成，都不穿铠甲，阵心由 160 件蹲式弩兵组成，都穿铠甲，手控弓弩，为重装备。第二小方阵由 8 列战车组成，每辆车前驾 4 马，车上有甲士 3 人，其中一人为驭手。第三小方阵为战车、步兵、骑兵结合的纵阵，有战车 19 辆，每车尾随步兵 8 人，分成 3 路纵队，一、三路各有战车 6 辆，第三路最后一辆战车上有将军俑 1 件，是本车队的指挥官，二路有战车 7 辆，末尾殿军由骑兵和步兵组成。第四个小方阵由 6 辆战车和 100 多匹马和骑兵组成长方纵阵。三号俑坑是指挥部，有战车 1 辆，武士俑 68 件，车前驾 4 马，车后立武士俑 4 件，其中 1 名驭手，2 名甲士，1 名军吏。北侧厢房有武士俑 22 件，南侧走廊 8 件、过道 6 件、前厅 24 件、后室 4 件，手中执殳（shū 音书，护身仪卫的兵器）。秦军队中服装大体可分军官和战士两大类。

（一）军官的服装

军官分高、中、低三级。秦爵位二十等，第九等为五大夫，可为将帅，再升七级为大良造，再升三级可封侯，关内侯为十九爵，二十爵为列侯，即最高爵位。将军之爵位在秦昭王时始设，属高级军职，将军俑，身穿双重长襦外披彩色铠甲，下着长裤，足登方口齐头翘尖履，头戴顶部列双鹖的深紫色鹖冠，橘色冠带系于颌下，打八字结，胁下佩剑。

中级军官俑的服装有两种：一种是身穿长襦，外披彩色花边的前胸甲，腿上裹着护腿，足穿方口齐头翘尖履，头戴双板长冠，腰际佩剑；第二种是身穿高领右衽褶服，外披带彩色花边的齐边甲，腿缚护腿，足穿方口齐头翘尖履，头戴双板长冠。下级军吏俑，身穿长襦，外披铠甲，头戴长冠，腿扎行縢或护腿，足穿浅履，一手按剑，一手持长兵器，另也有少数下级军吏俑不穿铠甲，属于轻装。

（二）士兵的服装

轻装步兵俑，身穿长襦，腰束革带，下着短裤，腿扎行縢（即裹腿），足登浅履，头顶右侧绾圆形发髻，手持弓弩、戈、矛等兵器。重装步兵俑服装有三种：一种是身穿长襦，外披铠甲，下穿短裤，腿扎行縢，足穿浅履或短靴，头顶右侧绾圆形发髻；第二种的服装与第一种略同，但头戴赤钵头，腿缚护腿，足穿浅履；第三种服装与第二种相同，但在脑后绾缩板状扁形发髻，不戴赤钵头。战车上甲士服装与重装步兵俑的第二种服装相同。骑兵战士身穿胡服，外披齐腰短甲，下着围裳长裤，足穿高口平头履，头戴弁（圆形小帽），一手提弓弩，一手牵拉马缰。战车上驭手的服装有两种：一种是身穿长襦，外披双肩无披膊（即臂甲）的铠甲，腿缚护腿，足登浅履，头戴长冠。第二种的服装是甲衣的特别制作，脖子上有方形颈甲，双臂臂甲长至腕部，与手上的护手甲相连，对身体防护极严。

秦军服装甲衣是依兵种作战时运动的实用性能而配备的，并用冠饰形式和甲衣色彩区分官兵地位。将军鱼鳞甲，周缘镶用矩纹锦制作的宽边，甲片赭色，甲钉朱红色，连甲带红色，甲衣肩顶部分以米黄色作衬底，周围绣有花纹，两朵蓝色小花烘托着彩带扎的花结。官吏戴冠，士兵不戴冠。高级官吏戴鹖冠，穿彩色金属制作的鱼鳞甲，中级官吏戴双板长冠，穿带彩色花边的前胸甲或齐边甲，低级官吏戴单板长冠，其甲衣不绘彩，甲片较战士甲衣的甲片小而数量多。一般战士的甲衣甲片大，数量少。《战国策・韩策》说秦军打仗时不戴头盔，非常骁勇。六国军队打仗要披甲戴盔，但不能与秦军匹敌。

古代铠甲经过了从单片到多片、从皮革到金属的发展过程，秦始皇时代还大量使用皮甲，由一排排长方形皮甲片编缀而成。《考工记》："函人为甲，犀甲七属，兕（sì 音寺）甲六属，合甲五属。"合甲即用两种兽皮做成的双层铠甲，古人记载："犀甲寿百年，兕甲寿 200 年，合甲寿 300 年""犀兕鲛，鞈（合）如金石。"秦俑甲均为革甲，有三种类型：一型甲衣长 64 厘米，由披膊和身甲组成，甲片较大，四周不镶金属边缘，颈下、肩部、腰部的甲片由连甲带连接，便于抬头、弯腰、举臂各动作，甲片赭色，连甲带朱红色。二型甲衣长 64 厘米，胸、背、肩部无甲片，周边以革带镶边，甲片赭色，连甲带朱红色。三型甲衣只在胸、腹有甲片，甲片周围用革作一宽边，肩、背无甲片，背后用斜十字带固定束身，腹部有连甲带，甲片赭色，连甲带朱红色。这些甲衣的前后下襟，形状有半圆、齐边、尖圆三种。甲衣上下开合位置，有的在胸前右上角用绦系结，有的在胸前左、右两上角用绦系结，甲片上均有甲丁，多者六枚，少者两枚。甲片编缀法有纵编、横编。纵编，胸部的甲片都是上片压下片，腹部的甲片则是下片压上片，以适应躯体弯曲时的动作规律；横编，自中间向两边编排，前片压后片，臂甲多用此法。

战国时燕地人们都会制甲，燕国铁甲制造精良，各国竞相仿效。但秦军带甲百万，注重进取，采用急疾捷先的战术，而革甲重量轻，制造易，消耗体力小，穿着携带方便，符合进攻实战需要，故大量采用革甲而不用铁甲。同时为了壮观军威，秦军所穿衣甲色彩十分鲜明，秦俑出土时，色彩原很鲜艳，尤以三号秦俑坑陶俑的色彩保持较好，褐色铠甲，配朱红络组和甲扣，下露朱红、玫红、粉红、紫红或石绿、宝蓝等色战袍面、袍里、行縢等。软领色彩也有石绿、紫红、朱红、粉紫、宝蓝、玫红、粉白等，领的色彩大多与袖口的色彩相对应，袖口是用这些颜色的丝绦镶边的，这就是"偏诸缘"。《后汉书・舆服志》记载，战国时，各诸侯国竞修奇丽之服以相夸上，"秦并天下，揽其舆服，上选以供御，其次以赐百官”。《二仪实录》说秦始皇制五彩夹缬罗裙以赐官僚百官母妻，秦时只是朝贺和祭祀时穿黑色礼服，祭泰山封禅穿白，所以不能简单化地把“秦尚黑”理解为什么服装都是黑的。

第二节 汉代服饰

秦末的农民战争，推翻了秦王朝的统治，经过 4 年楚汉战争的争斗，在公元前 206 年，刘邦建立了西汉政权，至公元 220 年东汉灭亡（西汉：公元前 206 年—公元 25 年；东汉：公元 25 年—220 年）其间四百多年，社会经济得到一定程度的恢复和发展，文化繁荣，中外交流日益活跃，社会风尚变化明显，服饰水平大大提高。

一、汉地礼俗及社会生活

汉在建国之初，面对百废待兴的局面，并没有沿袭秦所使用的法家思想，而是改用比较宽容温和的黄老政治作为治世的主导思想，所以汉初的礼法既无系统，又因为受焚书坑儒的影响而无传统。因此，汉初的礼，完全是一种生活惯性。仅有的叔孙通定朝仪也是一种制度不甚详明的草创。

从汉武帝开始，采纳儒生董仲舒的建议，尊崇儒术，用糅合了阴阳、法家思想的新儒学思想治世。于是整理、考证、注疏古典儒家经典的工作就在汉儒中流行开来，三礼经汉儒的编订、考据先后被纳入九经、十三经中，成为中国礼仪规范的渊薮。汉时仍席地而坐，坐时有坐席。席方四周以纯缘边，冬季则在席上加锦毯或毛毡。据传说，赵飞燕女娣居昭阳殿中，用白象牙席、绿熊席，席毛长二尺余，人眠其中而不能现，坐时没膝。可见有钱人家也有在席上铺兽皮的。在室中也有坐床或坐榻者，但汉时的床和榻和今天的床榻并无相同之处，汉榻狭而低，而床较之则大一些，汉代人在用榻时，用则放在席上，不用则可以将其悬挂于空中，一张榻可以终身使用。

汉时的坐，仍同于先秦，仍是两膝着地，股臀坐于足跟之上。这种坐席的生活方式，在汉代画像石中可见图形资料。当时跪与坐之别在于，臀着足跟为坐，将身引直而起则谓之跪，如再将身略屈而首至于手则谓之拜，倘首至地则谓之稽首。这就是坐、跪、拜的礼仪。

如果把二足直伸而坐，或将两足从榻或床上垂直放下，叫作箕踞，这是不礼貌的。

汉时室内，大都施以帷幕，垂悬幔帐，并以屏障为空间隔断。帷幕有帷幄、帷围、帐、幔、掩之称。除帷幔之外，作为空间隔断的还有屏风，屏风有漆画的，有雕镂的，有杂以宝石的。屏风的高度大约都在七尺左右。

入室时，除脱履之外，还要解除所佩戴的刀剑等兵器，臣见君尤其如此，特大功勋者方可剑履上殿。汉时百官与男子佩刀剑是种风尚，在民间也有带刀剑者，只是民间礼俗没有宫廷严格。官员在佩剑之外，还有佩印者，将其章印以纽条佩于腰间，或盛在囊中挂于腰间，与后世唐的鱼袋相若。

汉代男子中还流行将衣袖挽起以露臂的习俗。

汉代主食为饼、饭、粥三种。面饼常见的是汤饼和蒸饼（馒头），另外还有从西域传来的胡饼（俗称烧卖）。麦饭俗称“粒食”，曝干后可作干粮，称为糗。粥有麦粥和豆粥两种，这就是北方的“饼饵麦饭甘豆羹”。

汉代的副食业主要有肉食、蔬果和豆制品三类，其中豆腐在改变饮食结构方面起了重要作用。果蔬方面，葡萄（时称蒲桃）、石榴（时称楉留或若留）、胡桃、芫荽、大蒜、黄瓜（胡瓜）、胡椒、姜等一系列各国珍异也由丝绸之路引入中原生活。饮酒继先秦以来的传统，仍是生活富裕之民的主要解渴饮料。按酿酒原料划分，主要有谷物酒（稻、秫、米）和果酒（葡萄、甘蔗）两大类。汉代婚俗已不同于先秦，婚姻的成立一般都要经过媒人的联系。社会地位相当的男女，男年龄达 14 ~ 18 岁的，女年龄达 13 ~ 17 岁的就可以考虑议婚。汉代的婚姻形式包括了后世所有的类型：姑舅婚、姨表婚、交换婚、入赘婚、童养媳、指腹婚等。其中普通百姓尤以姑舅婚和姨表婚为普遍，另在乌桓、鲜卑等民族中还盛行掠夺婚，在匈奴、西羌等族中盛行转房婚。所有婚姻在其表现形式上还可能会出现贵族与富人一夫多妻的表现形式，但实质上仍是严格的一夫一妻制。

汉女子的贞操观较之理学流行后的中国要更人道一些。男女在婚姻上相对都有一定的自主权，改嫁和再婚的现象广泛存在。男子可以根据女子“无子”“淫佚”“不顺父母”“口多言”“盗窃”“嫉妒”“恶疾”等七条罪弃妻，女子也可根据男子品行不良、恶疾、家中贫苦而主动弃夫。

汉人对丧葬礼俗也非常重视。葬礼的等级和仪式都有很大差别。人初死，则沐浴，饭含珠玉，发丧。死者所穿丧服和陪葬的明器都因地位的不同而不同。皇族和贵族死后有金缕玉衣、银缕玉衣和铜缕玉衣，这些葬服是由许多四角穿孔的玉片以金丝、银丝和铜丝相连而成的。至于平民只有常服而已，甚至有裸葬，这种等级的差别还表现在随葬品的数量和质量以及葬具上。贵族、官员的随葬品数量很大，质量也很高，其中有玉器、漆器、陶器等。葬具也是用上等的木材，往往使用一椁三棺，西汉中期以后还出现以硅室和石室墓取代棺椁制的情况。另外在贵族中还流行一种特殊的葬制，“黄肠题凑”，而普通人随葬品简单，葬具也很简单，贫困之人还有以席裹尸的情况存在。

汉代百官多乘车。车分有障蔽和无障蔽两种，车上加盖。车盖的颜色和用料根据官品不同也有差别。商贾不得乘车马；低级官员坐一马的轺车；高级官员则乘轩车（轩车两侧有屏，上有车盖）。车子又有立乘和坐乘的区别。立乘车的车盖高也叫高车，坐乘的车盖低，也叫安车。除车之外，汉代的皇族代步工具还有辇和舆。

二、男子服饰

（一）男子品官服

汉初服制松散，对普通百姓的穿着没有限制。官员祭服统用玄衣、绛缘领袖、绛裤袜，正朔用黄色，后汉改为赤色。直至高祖 8 年才明确规定：爵非公乘以上，毋得冠刘氏冠（汉爵 20 等，公乘为第 8 等）。刘氏冠是刘邦式微任亭长时自创的一种高冠，高 8 寸，宽 3 寸，用黑纱（俪）罩于竹板之上做成。后刘邦登基，这种冠作为祭祀宗庙诸礼祭服之冠，服是上下玄色，内衣用绛缘领和袖，绛裤袜，以表示赤心之意。与此同时下令，全国商贾不得用锦绣、绮、縠、絺、罽等高级丝、毛织物做衣服。这时虽有了一些禁令，但服制仍不健全，这种情况一直持续到东汉明帝时，才开始恢复先秦的冕旒衣裳。

东汉开始以深衣制袍服为朝服。服色随四季变化，春青、夏赤、季夏黄、秋白、冬皂。虽有五时服色，但上朝一律皂袍。除深衣袍服外，还有绣衣、纱单衣、襜褕等服装为各级官员穿服。

（二）男子一般服饰

据汉简记载，汉代衣服的名称有袍、单衣、襜褕、襦、裙、臂韦苒等。汉代的衣服领式有交领、直领、方领诸样。直领即对襟式，无论男女衣服都普遍用此领式。方领为学者的服饰。汉袍的款式主要有曲裾和直裾。曲裾，裙裾从领至腋下向后旋绕而成，类似于深衣。制作此服时使袍裾狭若燕屋，垂于侧后。汉代的袍、单衣皆属此类曲裾袍。直裾袍在西汉还不作为正式场合的服装，襜褕即属此类袍服。至东汉，男子一般多服此衣，因其较曲裾更简便所以深受官吏的喜爱。

襦是有夹里的短衣、短袄。襦与袍的区别在于袍通常长至脚踣，襦相对较短，襦通常是劳动人民的常服。襦后世称为袄。穿襦时通常下身着袴。

袴一般是指无裆的套裤。但汉的袴已不是无裆的套裤，而是有裆的裤子了。此袴本是胡服，由赵武灵王胡服骑射时引入中原汉族中。除袴之外，汉的劳动男子还有着裈的记载，裈腰头有裆，但无腿，类似于牛的鼻子，故也称“犊鼻裈”。《史记》中就记载有：司马相如自着犊鼻裈在市肆做酒保，以羞辱他的岳父。犊鼻裈的形象资料见于山东沂南汉墓的出土石画像。

合裆裤的出现，改变了袍服的形式。直裾的襜褕首次被正式场合认同，就是因为合裆裤子的出现，让直裾开气的袍服不再有春光外泄的危险。

汉代平民百姓服饰，百姓一律不得穿各种带颜色的服装，只能穿本色麻布。直到西汉末年（公元前 13 年）才允许平民服青绿之衣，对商人的禁令更严。然而在服装的样式上，似乎没有严格的制度。从出土的汉代陶俑及画像装饰来看，劳动者或束发髻，或戴小帽、巾子，也有戴斗笠的，身上穿的服装，几乎全是交领，下长至膝，衣袖窄小，腰间系巾带，脚穿靴鞋，还有不少赤足者，反映了这个时期劳动人民的生活状况。

汉代农夫服装质朴单纯，穿短衫短襦、裤子，束劳作裙，跣足或穿平头麻鞋，头上裹巾或戴笠帽等，此种服装一直流传到后世的明代。

汉成帝时（公元前 32 年—前 7 年）规定青绿为民间常服，但蓝色偏暖的青紫为贵族燕居的服色。古时用蓝靛染色，经多次套染而成的深青会泛红光，故怕深青乱紫，连州市官也不许穿。而青、绿色在视觉上有平和之感，后世一直被定作平民的服色。

（三）汉代的冠冕佩绶制度

汉代冠和古制不同之处，是古时男子直接把冠罩在发髻上，秦及西汉在冠下加一带状的頍与冠缨相连，结于颌下，至东汉则先以巾帻包头，而后加冠，这在秦代是地位较高的人才能如此装束的。

汉代的冠是区分等级地位的基本标志之一，主要有冕冠、长冠、委貌冠、爵弁、通天冠、远游冠、高山冠、进贤冠、法冠、武冠、建华冠、方山冠、术士冠、却非冠、却敌冠、樊哙冠等 16 种以上，这些冠的形式，只能从汉代美术遗作中去探寻。

冕冠是皇帝、公侯、卿大夫的祭服。冕长一尺二寸（合 27.96 厘米，汉尺一尺合 0.233 米），宽七寸（合 16.31 厘米），前圆后方，冕冠外面涂黑色，内用红绿二色。皇帝冕冠十二旒，系白玉珠，三公诸侯七旒，系青玉珠，卿大夫五旒，黑玉为珠。各以绶彩色为组缨，旁垂黈纩。戴冕冠时穿冕服，与蔽膝、佩绶各按等级配套。用织成料制作，由陈留襄邑的服官监管生产。长冠汉高祖刘邦先前戴之，用竹皮编制，故称刘氏冠。后定为公乘以上官员的祭服，又称斋冠，配黑色绛缘领袖的衣服，绛色裤袜。

委貌冠长七寸，高四寸，上小下大，形如复杯，以皂色绢制之，与玄端素裳相配。公卿、诸侯、大夫于辟雍行大射礼时所服。执事者戴白鹿皮所做的皮弁，形式相同，是夏之毋追、殷之章甫、周之委貌的发展。

爵弁广八寸，长一尺六寸，前小后大，上用雀头色之缯为之，与玄端素裳相配。祀天地五郊，明堂云翘乐舞人所服。爵弁也是周代爵弁的发展。

通天冠高九寸，正竖顶少邪，直下为铁卷，梁前有山，展筒为述。百官月正朝贺时，天子戴之。山述就是在颜题上加饰一块山坡形金板，金板上饰浮雕蝉纹。

远游冠制如通天冠，有展筒横于前而无山述。诸王所戴，有五时服备为常用，即春青、夏朱、季夏黄、秋白、冬皂。西汉时为四时服，春青、夏赤、秋黄、冬皂。

高山冠又称侧注冠，直竖无山述，中外官谒者仆射所服，原为齐王冠，秦灭齐，以之赐近臣谒者。

进贤冠前高七寸，后高三寸，长八寸，公侯三梁（梁即冠上的竖脊），中二千石以下至博士两梁，博士以下一梁。为文儒之冠。

法冠又称獬（xiè 音械）豸（zhì 音质）冠，獬豸一角，能别曲直，故以其形为冠，执法者所戴。楚王曾获此兽，制成此冠，秦灭楚后赐执法近臣，汉沿用为御史常服。

武冠又称武弁大冠，诸武官所戴，中常侍加黄金珰附蝉为纹，后饰貂尾，谓之赵惠文冠，秦灭赵以之赐近臣，金取刚强，百炼不耗，蝉居高饮清，口在腋下，貂内到悍而外柔缛，汉貂用赤黑色，王莽用黄貂。

《续汉书·舆服志》记载：武官在外及近卫武官戴鹖冠，在冠上加双鹖尾竖左右，“鹖者勇雉也，其斗对一，死乃止”，鹖是一种黑色的小型猛禽。亚细亚北方“斯克泰人”帽以及“高句丽人”的折凤冠，形状像弁，均插羽为饰。

建华冠以铁为柱卷，贯大铜珠九枚，形似缕鹿，下轮大，上轮小，好像汉代盛丝的缕簏，又名鹬冠，可能以鹬羽为饰。祀天地五郊，明堂乐乐舞人所戴。

方山冠亦称巧士冠，近似进贤冠和高山冠，用五彩縠为之，不常服，惟郊天时从人及卤簿（仪仗）中用之。概为御用舞乐人所戴。

术士冠汉制前圆，吴制差池四重，与《三礼图》所载相合。是司天官所戴，但东汉已不施用。

却非冠制如长冠而下垂，俗称鹊尾冠。宫殿门吏、仆射所冠。

却敌冠前高一寸，通长四寸，后高三寸，制如进贤冠，卫士所戴。

樊哙冠广九寸，高七寸，前后出各四寸，制似冕。司马殿门卫所戴。此冠取义鸿门宴时，樊哙闻项羽欲杀刘邦，忙裂破衣裳裹住手中的盾牌戴于头上，闯入军门立于刘邦身旁以保护刘邦，后创制此种冠式以名之，赐殿门卫士所戴。

除冠外，汉代的首服还有巾、帻、幧头等。巾本是古时表示青年人成年的标志，男人到 20 岁，有身份的士加冠，没有身份的庶人裹巾。劳动者戴帽。巾是“谨”的意思。巾是庶人裹头用的首服。因巾的颜色不同，所以对以巾裹头的百姓或军卒又有了“苍头”“黔首”等称呼。至汉末，裹巾流行，上至王公大臣，都以裹巾为雅。

帻是战国时由秦国兴起的，用绛帕（赤钵头）颁赐武将，陕西咸阳秦俑坑出土的武士就有戴赤钵头的。帻类似帕首的样子，开始只把鬓发包裹，不使下垂，汉代在额前加立一个帽圈，名为“颜题”，与后脑三角状耳相接，文官的冠耳长，武官的冠耳短。巾覆在顶上，使原来的空顶变成“屋”，后来高起部分呈介字形屋顶状的称为“介帻”，跨于介帻之上的冠体称为展筒，展筒前面装有表示等级地位的梁。呈平顶状的称“平上帻”，身份高贵的可在帻上加冠。进贤冠与长耳的介帻相配，惠文冠与短耳的平上帻相配。平上帻也有无耳的。帻的两旁下垂于两耳的缯帛名为“收”。蔡邕在《独断》中讲：帻是古代卑贱致使不能戴冠者所用，孝武帝到馆陶公主家见到董偃穿着无袖青襟单衣，戴着绿帻，乃赐之衣冠，汉元帝额上有壮发，以帻遮掩，群臣仿效，然而无巾。王莽无发，把帻加上巾屋，将头盖住，有“王莽秃，帻施屋”的说法。汉代未成年的帻是空顶的，即未冠童子，帻无屋者。文官在进贤冠下衬介帻，武官在武冠下衬平上帻。东汉后期出现前低后高，即颜色低、耳高的式样，称为平巾帻。幧头（帩头）与前两者相类似，用一幅布从后向前交于额前再向后缠，布长自定，宽寸余，无论男女，无论年少年长，都喜在帽内著幧头以束发。

印绶在袍服外要佩挂组绶，也是汉官服的一个特色。组是官印上的絛带，绶是用彩丝织成的长条形饰物，盖住装印的鞶囊或系于腹前及腰侧，故称印绶。以绶的颜色表示身份的高低。帝皇黄赤绶四彩，黄赤绀缥，长二丈九尺九寸，五百首。太皇太后，皇太后，皇后同。诸侯王赤绶四彩，赤黄缥绀，长二丈一尺，三百首。长公主，天子贵人同。公侯将军金印紫绶二彩，紫白，长一丈七尺，一百八十首。九卿银印青绶三彩，青白红，长一丈七尺，一百二十首。千、六百石铜印墨绶三彩。四、三、二百石铜印黄绶。自青绶以上有三尺二寸长的璲与绶同彩，而首半之，用以佩璲。紫绶以上可加玉环。这里的首是经丝密度的单位，单根丝为一系，四系为一扶，五扶为一首，绶广一尺六寸，首多者丝细密，首少者粗。佩璲就是结绶于璲，意即在佩玉的带纽上结彩组，与绶相连。平时官员随身携带官印，装于腰间的鞶囊中，将绶带垂于外边，绶带一端打双结，一端垂于身后。商周绶带的前面挂下广二尺、上广一尺、长三尺，其颈五寸的韨，春秋战国时废去韨佩，改为系璲，以方便行动。

佩绶制是汉代区别官员等级的一个重要标志，佩绶是悬挂于腰间用来存放官印的绶带。绶带宽三指，长短依官员地位而定，地位越高，绶带越长。绶带是与官印一齐在任命官员时由朝廷颁发的。在官员退休、亡故或因其他原因解职时，印与绶要缴还朝廷。绶的长短与颜色是区分佩主身份、地位的重要标志。黄士龙先生曾列表说明，现逐录于此。

三、女子服饰

（一）女服形式

汉代妇女的礼服仍以深衣为尚。太皇太后、皇太后庙服绀上皂下，亲蚕服青上缥下，都是隐领袖、加缘边的深衣。贵妇助蚕服装款式与皇后相同，但服色上下皆为淡青色（缥）。另外，公卿、列侯、中 2000 石、2000 石夫人如果入庙助祭，服装用皂绢，助亲蚕服装用缥绢制作。而且自 2000 石夫人以上至皇后，都以蚕衣为朝服。不过根据等级不同，衣服的配饰不同。

曲裾深衣（又叫襜褕）是汉代妇女中最常见的一种服式。长沙马王堆一号汉墓出土的 12 件完整的老妇服装中就有 9 件是曲裾深衣。上图素纱禅衣（湖南长沙马王堆一号汉墓出土实物）。中图印花敷彩绛红纱曲裾棉袍（湖南长沙马王堆一号汉墓出土实物），身长 130 厘米，两袖通长 236 厘米。下图为“万事如意”锦女服（新疆民丰东汉墓出土实物），身长 133 厘米，两袖通长 189 厘米。服装的款式是典型的西域民族样式，但质料和纹样有汉族特点，还织着富有吉祥如意的汉字，是东汉时期各民族人民相互交融的产物。马王堆汉墓发掘出的实物资料异常丰富，尤其是服装，经历两千多年，质地仍然坚固，色泽依然鲜艳，反映出古代劳动人民的精湛技术和高超水平。从一号墓出土的服饰有素纱禅衣、素绢丝棉袍、朱罗纱棉袍、绣花丝绵袍、黄地素缘绣花袍、绛绢裙、素绢裙、素绢袜、丝履、丝巾、绢手套等几十种之多。颜色有茶色、绛红、灰、朱、黄棕、棕、浅黄、青、绿、白等。花纹的制作技术有织、绣、绘。纹样有各种动物、云纹、卷草及几何纹等。其中最使人感到惊奇的是这件素纱禅衣，整件服装薄如蝉翼，轻如烟雾，衣长 128 厘米，两袖通长 190 厘米，在领边和袖边还镶着 5.6 厘米宽的夹层绢缘，但全部重量只有 48 克，还不到一两，是一件极为罕见的稀世之品。可见深衣在汉代不仅是祭礼之服也是妇女的常服。汉代的深衣与战国时的相比，变化显著，由过去注重实用向注重审美效果发展。衣的裾加长，使衣襟绕身体的层数增加，下摆不再像战国楚服深衣那般收敛，而是呈喇叭状长曳于地，领口袖口宽大，且领口低垂。这种曲裾深衣富丽华贵，将女子娇柔优雅之态衬托得恰到好处。

袿衣（也叫大袖衣或诸袿衣）与深衣形状相类似，只是服装底部有衣襟旋转盘绕而形成若干个尖角状的装饰。袿衣即得名于这些尖角装饰,《释名》解释它的来历时说："其下垂者上广下狭如刀圭也。"

狐尾衣是汉深衣袍服的变种，此服前裾覆足，后裾拖地形如狐尾故得名。此服由大将军梁冀之妻孙寿创造，京师妇女旋以此装为时尚，纷纷仿效，故又称"梁氏新装"，与孙寿所创的"愁眉、啼妆、堕马髻、折腰步、龋齿笑"一齐成为东汉女子的时尚。这可以说是我国历史上最早的时装之一。

襦裙与男子的襦一样，女子的襦裙也是汉妇女的主要装束。襦裙顾名思义，是在襦之下加裙，襦可短可长，视穿着者身份而定，裙则随襦的长短相应短长。贵妇的襦裙通常襦短裙长,行走时可以有婢女跟着提起裙摆。而普通妇女为便于劳动,襦长裙短，裙长只及膝部，外罩蔽膝，既方便劳作，又能突出妇女的体态美。汉时妇女除穿裙外，还穿裤，与男装相似。裤初时无裆，大多只有两条裤管，也叫"胫衣"，上端用带系于腰部，裤口肥大。汉昭帝时大将军霍光专权，为使自己的外孙女能独擅后宫之宠，在昭帝生病时，由医官以治病为由，要昭帝不要亲近宫女，于是霍光下令宫女都穿前后皆有裆的"宾裤"。不过这时的合裆裤的裆部是用很多带子系结而成的。

（二）妇女的装饰

1. 发式

汉代妇女的发型，通常以挽髻为主。一般是从头顶中央分清头路，再将两股头发编成一束，由下朝上反搭，挽成各种式样，有侧在一边的堕马髻、倭堕髻，有盘髻如旋螺的，还有瑶台髻、垂云髻、盘桓髻、百合髻、分髾髻、同心髻等名称。史书中现保存下来的发髻名称就有十多种。较常见的有"重云髻""奉圣髻""瑶台髻""欣愁髻""飞仙髻""九环髻""分髾髻""慵妆髻""三角髻""椎髻""堕马髻"及"四起大髻"等。

在这些髻式中，最享有盛名的要算是"椎髻"和"堕马髻"。髻上一般不加包饰，大都作露髻式。皇后首饰还有金步摇、笄、珈等。

椎髻据《汉书》和《史记》里记载的内容说明它因形而得名。椎髻的形状与人们洗衣服时椎击用的木椎十分相像。这种髻式由正中分出头路，然后朝脑后梳掠，在后颈挽成一髻，其造型和木椎十分相似。最初这种髻式不仅流传在中原，而且在西南和东南都有流行。在汉地不仅在妇女中流行，在男子中也有梳此髻的记载。汉代椎髻成为妇女日常的主要髻式。

堕马髻据说是由梁冀之妻孙寿所创制的，此髻式将头发正中分缝，分发双颞，到颈后集束为一股，挽成发髻后垂于背后，并从髻中再抽出一绺头发，朝一侧下垂，似刚从马上坠下，这就是它名称的由来。

2. 化妆

画眉在汉代已非常普遍，汉武帝刘彻曾令宫人扫八字眉。上有所好，下必有所效，画眉之风遍布汉代社会各阶层。西汉京兆尹张敞画眉一时传为佳话。当时女子画眉是先将自己的真眉剃掉，然后用黛石画出各种样式的眉。其中最流行的有“长眉”和“广眉”。

长眉细而长，因其颇能体现东方女性的柔美，所以，流行时间长而且流行得广泛。除长眉之外，西汉妇女中还流行广眉，也叫大眉。据说此眉首先流行于宫中，然后才流传到各地，有民谣为证：“城中好高髻，四方且一尺；城中好广眉，四方画半额。”半额的广眉虽属夸张，但由此可以想象广眉的盛况。汉代妇女不仅用米粉涂抹面颊，而且这时已有了胭脂。

3. 首饰

（1）发饰：

1）笄、簪、钗、华胜、擿（zhì 音掷）。古代妇女一向用笄固定发髻，簪是笄的发展，在头部附加纹饰，可用金、玉、牙、玳瑁等制作，常常做成凤凰、孔雀的形状。湖南长沙左家塘曾出土秦代一件有七叉的骨簪。华胜是制成花草之状插于髻上或缀于额前的装饰。汉时在华胜上贴金叶或贴上翡翠鸟毛，使之呈现闪光的翠绿色，这种工艺称为贴翠。明清时皇后所戴凤冠，仍使用贴翠工艺，这种工艺方法可与镶嵌宝石翡翠的工艺媲美。擿是将头部做成可以搔头的簪子。《西京杂记》记载：汉武帝遇李夫人，就取玉簪搔头，自此后宫人搔头皆用玉簪，唐人诗云“婵娟人堕玉搔头”。也指这种簪子。《后汉书・舆服志》：“耳珰垂珠。簪以玳瑁为擿，长一尺，端以华胜。”玳瑁产于我国黄海、东海、南海、热带、亚热带沿海，海龟属，其甲质板呈黄赭半透明状，可作首饰。古人贵妇发型以高大为美，《后汉书・马廖传》上太后疏里说：“闻长安语云：城中好高髻，四方高一尺；城中好广眉，四方且半额。”当时妇女常于真发中掺接假发梳成高大的发髻，插入数枝笄簪将其固定，也有用假发做成假髻直接戴在头上，再以笄簪固定的，称为“副贰”，还有一种以假发和帛巾做成帽子般的假髻，白天往头上一戴，晚上可以取下来，称为蔮或帼。《释名・释首饰》谓“恢廓复髻上也，鲁人曰頍，齐人曰白。”把帼戴在头上，两旁用镊横簪以固定之。这类假髻的形制可能有很多变化，但文献资料讲得不具体。湖南长沙马王堆一号西汉墓轪侯利苍夫人的发髻，作髻时于真发末端加接假发，梳成盘髻式样，上插三支梳形笄，分别为长 19.5 厘米、宽 2 厘米，有 11 个梳齿的玳瑁笄，长 24 厘米、宽 2.5 厘米，有 15 个梳齿的角笄和用 20 支竹签分三束，再在距顶端 1.7 厘米处用丝线缠扎而成的竹笄，笄头有朱绘花纹（这三支梳形笄并非梳头的工具，但可以搔头，可能就是擿了）。前额及两鬓有长宽约 1 厘米、厚 0.2 厘米，涂朱或朱地涂黑、镶金或侧面贴金叶的木花饰品，就是当时用金属丝编连起来做额前装饰的华胜。另外还有一个用黑色蚕丝做成的假髻，盛放在一个小盒子里。汉代妇女还有一种圆形加双耳的华胜，江苏邗江汉墓曾出土，东汉画像西王母常戴饰此物。

古代梳妆高大的假髻，必有支撑假髻的工具，在四川宝兴瓦西沟东汉墓人架头部出土一件长 12.5 厘米、宽 10.4 厘米，呈独脚钗状的铁饰件，上端以两股细铁条横弯成弧形，外有细铁丝缠绕，可能就是一件假髻支撑器。另在湖南衡阳东汉墓发现了双股的银钗，长 19 厘米。

2）梳篦。湖北江陵出土几件秦木质彩绘角抵图木篦，马蹄形，上绘人物纹样。在湖南长沙马王堆一号西汉墓出土的梳篦是象牙制成，均作马蹄形，长均 8.8 厘米，宽均 5.9 厘米，梳 20 齿，篦 47 齿，细密均匀。在山东临沂银雀山和湖北江陵纪南城出土的西汉木梳，背平直，上面有四个装饰纽。

3）步摇冠与步摇簪。《后汉书・舆服志》记载皇后服制："假结、步摇、簪珥，步摇以黄金为山题，贯白珠为桂枝相缪，一爵九华，熊、虎、赤罴、天鹿、辟邪（有翼的狮）、南山丰大特（牛）六兽，《诗》所谓副笄六珈者。诸爵兽皆翡翠为毛羽，金题，白珠珰绕以翡翠为华云。"文中所说的山题，就是额上正面的装饰版。所谓副笄六珈的副，就是覆的意思，珈是加的意思，全文的解析就是覆在头上的假髻除用笄固定之外，还要另加熊、虎、赤罴、天鹿、辟邪、牛六种动物的饰片为饰，再与孔雀、黄金山题、九种华胜及用白珠穿成桂枝般的装饰和白珠做成的耳珰配套，绕以翡翠华云，金碧辉煌。当走动的时候，那白珠桂枝和耳珰随着脚步摇动，能够化静为动，扩大视觉空间，更加引人注目，其进一步的发展，就演变为后世的凤冠。《晋书・慕容廆传》记载：魏初燕，戴多冠步摇冠，鲜卑族也仿着使用。辽宁北票、朝阳等地发现过北朝花蔓状和花树状的冠顶金饰，走动时就能摇动。

步摇簪是在簪顶挂珠玉垂饰的簪子。《释名》："步摇，上有垂珠，步则摇也。"又《后汉书・舆服志》集解："汉之步摇以金为凤，下有邸，前有笄，缀五彩玉以垂下，行则动摇。"在上古时期，首饰所用的珠，多为玉珠、骨珠。河南郑州铭功路商墓曾出土一千多颗蚌珠。到战国、秦、汉时期，已经大量开采蚌珠，《尚书・禹贡》就有"淮夷蠙珠"的记载。广西合浦县位于南海北部海湾，据汉杨孚的《异物志》记载："合浦民善游，采珠，儿年十余岁，使教入水，官禁民采珠，巧盗者蹲水底刮蚌，得好珠，吞而出。"（《艺文类聚》八十四）《后汉书・孟尝君传》说到合浦的宰守多贪秽，残苛剥削珠民，珠民逐渐把珠蚌转移到相邻的南越边境去，合浦就不产珍珠了，变得十分贫困。孟尝君到合浦采取了许多便民措施，农民们又慢慢地把珠蚌带回合浦养殖，合浦又重新富裕起来。这就是有名的"合浦珠还"的故事。《史记・春申君列传》说春申君有食客三千，上客都穿珠履，说明珍珠的使用已很普遍。由于珍珠出自海底，所以古人认为它能抵御火灾。有些文献中说到有辟尘珠、辟寒珠、夜光珠、记事珠等等，则是一种神秘夸张的说法。

（2）耳饰：

瑱，《说文》："瑱，以玉充耳者。"又说："珥，瑱也。"《长沙发掘报告》记录西汉后期的玉瑱，白色，无光泽，蕈形，一端较大，一端较小，中腰内凹。洛阳烧沟汉墓出土琉璃瑱和骨瑱十九件，有十二件是上小下大腰细如喇叭形，中间穿一孔的。色有深蓝、浅蓝、绿等，半透明。另有七件中部如喇叭形而上端成锥状，下端成珠状，身上无孔，无色透明像玻璃。

珰，《释名・释首饰》："穿耳施珠曰珰。"汉末建安时代的《孔雀东南飞》描写女主人鸡叫起身，"著我绣夹裙，事事四五通，足下蹑丝履，头上玳瑁光。腰若流纨素，耳著明月珰”。明月珰从字义可知是圆形发光的饰物。贵州黔西东汉墓出土两件以银片制成的圆球状耳铃，下端开口，上端背上焊有直径 1.2 厘米的小圆环，称它为明月珰未尝不可。河南洛阳烧沟汉墓曾出土的喇叭形玻璃耳珰，故宫博物院也有收藏。日本原田淑人在《汉六朝の服饰》中收有耳珰照片，为凹腰圆筒形，下面带有小铃。

耳环(玦)。我国穿耳戴环的风俗古已有之。秦汉时期汉族地区耳环出土不多。《南史·林邑国传》:“穿耳贯小环，自林邑、扶南诸国皆然。”考古发现古代西南少数民族戴耳环。1972 年在云南江川李家山古墓出土 16 副玉耳环，每副玉片数不等，有多达 20 余片。云南晋宁石寨山第三次发掘，在一座墓中发现石耳环 14 片，7 片相叠为一组，14 片正好是一副耳环。该地出土青铜装饰人物中，戴大耳环的形象也常发现。

耳坠。辽宁西丰乐善乡西岔沟西汉匈奴墓出土不少耳坠，但每墓只出 1 件，通常以两根金丝拧成双股绳状，至尽端分开，一股拗曲成钩，以便挂在耳上，另一股则捶成为扁叶状，用以遮蔽耳孔。内蒙古自治区准格尔旗西沟畔西汉匈奴墓出土金玉耳坠，金珰上饰兽纹，玉饰镂雕变体龙虎纹，黄金与白玉交辉，极其精美。

(3)颈饰：在广西合浦西汉墓曾出土玛瑙珠的项链。云南晋宁石寨山 13 号西汉滇王王族墓及广西汉墓曾出土玛瑙颈饰。石寨山西汉滇王王族墓还出土由绿玉环和绿玉珠串成的颈饰以及由形状不规则的绿松石及孔雀石制成的串饰。云南江川李家山滇王王族墓有的用玉石串饰覆盖尸体，覆盖面长达一米多，宽 60 厘米至 70 厘米。广东徐闻东汉墓也曾出土 5 串玉饰。

加工精美的金质项链在湖南长沙五里牌东汉墓出土，由三种不同形状的 193 颗金珠串组，第一种 50 颗是由细小如苋菜籽的金粒分三圈黏聚而成的，靠近中圈的金粒稍大。第二种 23 颗是用小金管联结而成的连管珠。第三种 119 颗是八方形的珠，此外还有一个花穗形金坠。与此同时还出土 11 个球形饰件，内有 4 件以 12 个小金丝环相拉，在环与环之间又附着 3 粒小圆珠，有 6 件系在小金珠上再以金丝缀饰，并镶有圆珠，再有 1 件为镂空的多角形。湖南衡阳苗圃出土的椭圆形金珠，珠外用金丝组成精美的花纹，同时还出土水晶、琥珀、玛瑙的小珠和狮、兔、鸟等，当初很可能是串在一起的。

1954 年在合肥西郊乌龟墩出土一件高 2.3 厘米，最宽处 1.5 厘米的小金牌，中心以金丝盘出“宜子孙”三字，周边焊有小金粒联珠线纹，当为一件金坠饰。

(4)臂饰。西汉时的手镯，从云南省晋宁石寨山滇王王族墓出土的有玉环及金、银、铜镯，从云南江川李家山出土的有铜嵌绿松石手镯。湖南长沙五里牌东汉墓出土的四个金手镯中，有一个是用多根细金丝交织而成的绹绳形手镯，已近似现代“鳝鱼骨”式手镯。

(5)指环。两汉时以金、银制作指环，在湖南长沙、零陵，广东广州、增城等地出土。湖南长沙杨家岭出土西汉银指环 3 只，圆圈表面作棱角突出，两边密饰斜线纹。长沙五里牌出土东汉前期金指环 10 只，内有 4 只嵌有绿松石。湖南省零陵出土 3 只东汉鎏金指环，即俗称之镀环。广东出土东汉指环，有的嵌有宝石。吉林榆树大坡老河深圳墓还发现了金护指，保护指甲之用。

（6）带钩。两汉时期，汉式带钩多为封建贵族所专用，材质珍贵，工艺更趋精巧。例如1954年在广州市出土的西汉玻璃料带钩，长7.8厘米，螳螂型，晶莹透明。1984年在广州市南越王赵眜墓（西汉早期）出土的玉龙虎带钩，长19.5厘米，宽4.1厘米，通体琢浮雕变体龙虎纹。同墓出土玉龙附金带钩，玉龙作∽∽形变体，龙尾嵌套金质带钩，通长14.4厘米，制作极为精美。1968年在河北满城汉中山靖王刘胜墓出土的玉带钩，长短不一，最长者仅6厘米。在内蒙古等地出土的古代匈奴、东胡铜带扣，多作斗兽纹浮雕为饰，猛兽相噬，气氛极为紧张，具有很大的力度和动感。而艺术风格，粗犷质朴。首衔璧玉饰有河北定县西汉晚期墓出土双凤玉系璧、玉龙形环，河北满城西汉早期中山靖王刘胜墓出土镂雕双螭龙纹玉縠璧、鸡心空心玉佩，陕西兴平西汉茂陵出土玻璃璧，江苏铜山小龟山西汉中期墓出土龙形玉觿（xī 音希），江苏扬州西汉晚期妾莫书木椁墓出土的舞人玉佩等代表性文物。

新疆民丰东汉墓出土的服饰文物反映了东汉时期中国和西域文化密切交融的历史盛况。服装面料全部产自中原，而服装款式的实用功能，则较西汉的直裾袍和曲裾袍都更优越。在战国到西汉时期，曲裾袍曾成为上层社会最盛行的款式，尽管做一件曲裾棉袍用料需帛32米（汉制14丈），而做一件直裾棉袍只需用帛23米（汉制10丈），但在当时上层社会仍以曲裾袍视为最佳的审美形式。到了东汉，经过时代的优选，曲裾袍的形式已被淘汰。东汉光武帝在起兵光复汉室时，就穿戴胡服，汉灵帝在宫中引进胡床胡帐，作胡乐、胡舞。东汉末年，西域服装的款式，也慢慢对汉族人民生活产生影响，人们追求一种更适应时代生活风貌的服饰文化。到南北朝，由于战争和迁徙，使胡汉之间的接触更为频繁，汉式服饰对于胡人贵族和胡人服饰对于汉族人民之间，都发生了更深刻的影响和交流。

第三节　魏晋南北朝服饰

魏晋南北朝（公元220—581年）历时近400年，是中国古代史上一个重大的动荡时期。自东汉结束后，群雄借镇压黄巢之势蜂拥而起。先是魏、蜀、吴三国鼎立。接着是曹魏权臣司马氏将三国归晋，全国暂时统一（公元52年）。但随即晋被匈奴人赶到南方，在南方成立东晋王朝。北方则陷入五胡十六国时期，最后统一于北魏拓跋氏。东晋在南方偏安104年（公元317—420年），然后分裂成宋、齐、梁、陈四个先后存在的独立政权，历时169年之久，最后统一于隋。北方在北魏统一了148年之后（公元386—534年）分裂为东魏、西魏，东魏执政16年后被权臣篡位变国号为北齐，西魏在执政27年之后，也被权臣篡权变国号为北周，北周最后统一于隋。

政治上的动荡带来的是社会经济、文化上的动荡。一方面战争连绵，政权更迭频繁，社会动荡带来社会意识形态上的变化。另一方面，战乱和胡族的入主中原，带来各民族之间的互相融合。在此背景下，中国古代服饰史经历了它的第三次服饰大变革。

一、魏晋南北朝的礼俗与社会生活

魏晋南北朝的最大特征是战乱不断，所以传统的儒家礼制名教在飘摇动荡中受到很大的冲击。地主阶级的地位极不稳定，得失无常，一般士人上进无门，而且有生命之忧，两汉以来的儒学已不能帮助这些士人走出困顿的精神境地。于是，一些有识之士将道家玄虚淡泊的精神引入儒学，用道家的唯心主义思想去解释儒家的经典，形成新的哲学思想体系。“名教本于自然”“越名教而任自然”，尤其魏晋的士人对传统礼教充满了蔑视和不满。魏晋的玄学给两汉以来僵化的儒学带来了新的解释，也给魏晋南北朝的社会生活带来了新的气象。

魏晋南北朝时期的社会生活习俗比起前代，发生了很大的变化。这种变化主要表现在服饰、饮食、婚姻以及坐卧家具等日常生活方面。

在服饰方面，由于长期分裂、动荡、民族关系复杂，加之儒家礼制名教受到冲击，因此衣裳冠履变化很大。在《抱朴子·讥惑篇》中记载:“日月无常，无称一定，乍长乍短，一广一狭，忽高忽卑，或粗或细，所饰无常，以同为快。”这时传统的穿衣之礼受到否定。

这一时期的饮食，南北方由于气候和物产的不同而相异很大。南方的主食是稻麦，常见的有稻米饭。麦饭和粟米饭在南方也有食用，但都属较粗的低级食物。北方盛产小麦,，面食于是成为北方人的主食。面食当中，以饼为主。饼的种类很多，有胡饼、汤饼、蒸饼等。其中胡饼即现在的烧饼或麻饼，汤饼是汤面条或汤面片，蒸饼是今天的馒头，开始不发酵，晋代开始有了发酵的蒸饼。副食除蔬菜外，大体上南方多以水产为主，兼食鸡、鸭、猪、羊等禽畜之肉，北方则以肉食为主。

魏晋南北朝，由于战乱频繁，所谓婚姻六礼名存实亡。在婚俗中流行的有门第婚、早婚、异辈婚、财婚、异族婚、近亲婚、幼童婚、冥婚等。门第婚又称身份内婚，是魏晋南北朝时在士族门阀中盛行的婚姻习俗。这时世家大族为了垄断政治、经济特权，保持贵族血统的纯净，在婚姻关系上十分讲究门当户对。早婚是这一时期的普遍现象。无论南北，适婚者不分男女，比至汉代的婚龄普遍降低，女以 13、14 甚至 8、9 岁开始结婚，男性大体也在 15、16 岁，早婚现象存在于社会各个阶层。异辈婚即不受行辈所限的婚姻。魏晋南北朝之前异辈通婚被视为非礼，但此时除直系血亲之间通婚被视为非礼之外，婚姻关系中存在长幼界线模糊的情况。幼童婚，是指男女双方在很小时，由其父母之间缔结的婚约，指腹为婚、落地为婚皆属此类。财婚，也就是近世所谓的买卖婚姻，北朝此风较盛，卖女纳财，买妇输绢，以女方自家论贵贱，颇受有识之士的谴责。冥婚，又称阴婚，即未曾嫁娶而早殇者死后的合婚。魏晋南北朝的婚俗也深深印有社会动荡的烙印。

最能体现魏晋南北朝时代特色的习俗是坐卧具的变化。一直流传至东汉末年的汉族传统席地而坐，在西北少数民族进入中原后受到冲击。胡族的“胡床”（即今之马扎子）改变了过去的席地而坐，人们可以坐在胡床之上垂腿而坐。这种胡床由于坐之舒适、携带方便很快改变了中原人的生活习惯。与此相适应，室内的其他家具也相应地向着高大发展，作为卧具的床也由距地几寸向今天的高度发展，同时出现的还有方、圆、长条等各种形状的坐凳。以前供吃饭读书之用的几案，现在也增加高度变为桌，中国人从此形成垂腿坐凳、桌前就餐的居处习俗。

魏晋南北朝时不仅与北方的胡族交往密切，相互文化交流广泛，另外与西方的大秦、波斯、大月氏有交往，还与南亚、东南亚、朝鲜、日本交往密切，尤其是佛教的东来，使原本封闭的心态被打破，汉族对外来文化表现出一种积极的包容和吸收精神。

二、三国两晋的服饰

（一）三国两晋的纺织业

东汉末黄巾起义引发群雄割据，一时狼烟四起，社会经济遭受严重破坏。赤壁一战天下稍安，魏、蜀、吴三国凸现。在它们所统治地区的人民稍得喘息，经济得到一定程度的恢复和发展。纺织业作为农业手工业中与人民生活最贴近的一个行业，在经济的恢复和发展中表现最为突出。蜀锦是中国丝织物中的上品之一。魏文帝曹丕曾面对色彩绚烂的蜀锦发出感慨道："前后安得蜀锦殊不相似。"可见蜀锦花色之多，质地之优异。蜀锦中的"武侯锦""苗锦""绒锦"都是魏吴人士喜爱的蜀锦。除蜀锦之外，吴地的吴兴、吴郡等地的织绫业也很发达。北方南逃的技术人员将织锦、亚麻织布技术在吴地推广，吴地出名的锦布有"八蚕之锦"和"鸡鸣中"。

值得特别关注的是，这时还出现了能防火的石棉布——火浣布，这是纺织科学的重大成就之一。

三国归晋，在短暂的半个世纪的统一中，出现了"太康之治"的盛世。纺织业也进一步发展，据《册府元龟》记载：晋惠帝宫中有锦帛 400 万匹，"八王之乱"时，张方兵攻入内殿，见绸绢如此之众，每人取两匹，连续三天哄抢，竟还未取空众绸绢之一角，可见数量惊人之大。另据《世说新语》记载：王恺在与石崇斗富的较量中，王恺每逢外出必用绿色丝布做成步障于路途两边挡尘，长 40 里，石崇则用彩色织锦花缎制成长 50 里的步障，客人在石崇家做客，每如厕，出厕则换新服。可见当时丝绸生产的发展程度、质量和数量。

服装的款式和服饰纹样，是服饰文化面貌的标志。南北朝时期随着胡服盛行，服饰纹样从内容到形式都发生了空前的变化。魏晋南北朝时期的服饰纹样，见于文献记载的有大登高、小登高、大博山、小博山、大明光、小明光、大茱萸、小茱萸、大交龙、小交龙、蒲桃文锦、斑纹锦、凤凰朱雀锦、韬文锦、核桃文锦（见陆刿《邺中记》）、杂珠锦、篆文锦、列明锦（见王子年《拾遗记》）、如意虎头连壁锦（见《太平御览》卷八一五）、绛地交龙锦、绀地勾文锦（见《三国志·魏志·东夷传》）、联珠孔雀罗（见《北齐书·祖珽传》）等。从这些锦名可知有一部分纹样是承袭了东汉传统的，有一部分则是吸收了外来文化的结果，如联珠孔雀罗就是。

再据各地出土南北朝时期的纺织品实物和敦煌莫高窟壁画的纹样来看，大凡东汉式的传统纹样，此时画工和工艺技巧都已不及东汉精美，意味着东汉式动物云气纹已经衰退过时，代之而起的服饰纹样可归纳为如下几种类型：

1．传统的汉式山云动物纹

此类纹样盛行于东汉，紧凑流动的变体山脉云气间分列奔放写实的动物，并于间际嵌饰吉祥文字。如1995年在新疆民丰尼雅遗址出土的一批魏晋时期的衣物中，有一件“五星出东方利中国”铭文的山云动物纹锦护膊，保持了汉代的传统风格，十分珍贵。

2．利用圆形、方格、菱形及对称的波状线组成几何骨骼，在几何骨骼内填充动物纹或花叶纹

此类纹样在汉代虽已有之，但未成为最主要的装饰形式。且汉代填充的动物纹造型气势生动，南北朝填充的动物纹多作对称排列，动势不大，多为装饰性姿势。汉代填充的花叶纹多为正面的放射对称形，南北朝填充的花叶纹则有忍冬纹等外来的装饰题材。

3．圣树纹

是将树形简化成接近一张叶子正视状的形状，具有古代阿拉伯国家装饰纹样的特征。后至公元7世纪初伊斯兰教创立以后，圣树成为真主神圣品格的象征。

4．天王化生纹

纹样由莲花、半身佛像及“天王”字样组成，按佛教说法，在欲界有四天王，凡人如能苦心修养，死后能化生成佛。

5．小几何纹、忍冬纹、小朵花纹

圆圈与点子组合的中、小型几何纹样及忍冬纹。此类花纹对日常服用有极良好的适应性，对后世服饰纹样影响很深。从形式上看，也是秦汉时期所未见过的。它的流行当和西域“胡服”的影响有关。

（二）魏晋服饰

魏晋时，自帝至百官，基本上都承袭汉服旧制。只是服色按五行始终说得土德服黄。《魏书》记载从高祖太和年中，魏才制定了各有等差的百官官服，具体形制仿汉制。曹丕称帝，除下诏确定土德为魏德之外，祭祀的礼服和朝会的服装，仍旧沿袭汉代旧制。魏明帝时，对冕服做了许多修改，公卿服饰上的图案用织成文。而魏帝平常的装束也是没有礼法根据的绣花小帽和白色纱半臂。

司马氏代魏之后，在思想意识方面为了显示自己获得禅让的合理性，大肆标榜自己的道德风范，不仅下诏节俭，禁乐府靡丽百戏复技及雕饰、渔猎之具，而且还禁止服饰过于华丽侈靡，并且明令禁止士卒百工服车不准违制。一县一年若有三人，京师洛阳有十人违禁，长官即被免职。但司马氏的禁令并没有执行很长时间，所以影响不大。因此，晋的官服服制除依汉旧制外，并无大的特点。

1. 男子常服

魏晋南北朝时期的服饰，有两种形式：一为汉族服饰，承袭秦汉遗制；另一为少

数民族服饰，承袭北方习俗。汉族男子的服饰，主要有衫和袍。衫和袍在样式上有明显的区别，照汉代习俗，凡称为袍的，袖端应当收敛，并装有祛口，而衫子却不需施祛，袖口宽敞。衫由于不受衣祛等部位约束，宽松飘逸，深受魏晋士人的欢迎，使魏晋服装日趋宽博，并成为风俗，一直影响到南北朝服饰。上自王公名士，下及黎庶百姓，都以宽衫大袖、褒衣博带为尚。魏晋男子的常服从传世绘画作品及出土的人物图像中，都可以看出这种情况。从南京西善桥出土的竹林七贤和荣启期石刻画像上可见一斑，图中除竹林七贤外，还有晋人喜欢的古代贫穷高士荣启期，共计 8 人。山涛、阮籍、嵇康、向秀、刘伶、阮咸、王戎七人，常集于竹林之下，肆意酣畅，世称“竹林七贤”。各人所穿的衣服，照刘熙《释名》的解释来看，应当叫衫子。衫和汉代的袍不同之处在于衣无袖端且敞口。

衫子据晋《东宫旧事》记载:“太子纳妃,有白縠、白纱、白绢衫,并紫结缨。”晋《修复山林故事》称:“梓宫有练单衫、袱衫、白纱衫、白縠衫。”可知当时中层以上的阶层普遍服用衫子。衫有单，有夹，不论婚丧嫁娶常用白色薄质丝绸制作。

画中山涛、向秀、阮咸头裹巾子，沈从文先生认为这几种巾裹得“相当草率，也相当重要”。《晋书》中记载：汉末王公名士多委王服，以幅巾为雅。即使像袁绍、崔钧这些武将,也都以戴缣制的巾白帢而为雅事。虽然这种以裹巾为雅的时尚起因在《晋书·五行志》另有一番解释:“魏武帝以天下凶荒，资财乏匮，始拟古皮弁，裁缣帛为白帢，以易旧服”，但无论出于经济匮乏，还是礼制解体，人们多就便处理衣着，终于转成风气。武将文臣、名士高人，著巾子自出心裁，有种种不同名目，如诸葛亮所戴巾称为“纶巾”、《郭林宗别传》中“林宗尝行陈梁间遇雨，故其中一角沾雨而折。国学士著巾，莫不折其角”的“郭林宗折上巾”、陶潜漉酒的葛巾等。

魏晋士人因喜食药、酒，需要经常散药，所以喜服宽大舒适的衣服。士人的喜好带动了整个社会的风尚，整个魏晋喜欢衣服款式宽大，面料越旧越好，柔软的布料比较受青睐。这时无论穿袍还是着衫，皆以宽大贴身为好，袍衫下不着袴，穿着随意简约。除衫子以外，男子服装还有袍襦，下裳多穿裤裙。

《洛神赋图》是根据曹植《洛神赋》而作的长幅卷轴画。洛神为洛水之神，相传是古帝宓羲氏之女，曹植在赋中借以表达他失恋后的悲哀、苦闷和彷徨的感情。图中所绘洛神形象，无论从发式还是服装来看，都是东晋时期流行的装束。男子的服装更有时代特色,一般都穿大袖翩翩的衫子。直到南朝时期,这种衫子仍为各阶层男子所爱好,成为一时的风尚。另外，图中侍者多戴笼冠，笼冠的形象与北朝墓葬中出土的图像略同,然而时间却比其他资料要早,可见笼冠并非出自胡俗,而是先在中原地区流行以后,才逐渐传到北方，成为北朝时期的主要冠式之一。当时还有叫作高顶帽的，《隋书·礼仪志》卷七，记梁代“帽自天子，下及士人通冠之，以白纱者名高顶帽，皇太子在上者则乌纱，在永福省则白纱，又有缯皂杂纱为之，高屋下裙，盖无定准”。《晋书·舆服志》说：“江左时野人已著帽，人士往往而然，但其顶圆耳，后乃高其屋云。”实际有好几种形式，有的带有卷荷边，有的挂有下裙，有的带纱高屋，有的带有乌纱长耳。

公元7世纪后周流行一种突骑帽，垂裙复带，可能就是胡人所戴的风帽。

劳动人民的服装，以适合劳作的衣裤、衫袄、劳作裙为主，头上梳髻或裹巾，服装用料为麻、褐、绢布，自耕自织。

2. 妇女服饰

魏晋女子服装如男装一般喜肥衣大袖，不过或交领或圆领，皆有束腰带，且衣长曳地，不仅能用丰博肥大的衣服衬出华丽仙风来，束腰带也能衬出女性纤细柔软的线条美来。曹植所说的“秾纤得衷，修短合身。肩若削成，腰如约素”，就是着此服女子的最生动描写。

魏晋时期，最为流行的女子服装是“杂裙垂髾服”。这种服饰始于汉代，称“襳髾”。其特点是：衣服的下摆通常裁成层层叠叠的倒三角形，上宽下窄。襳，是围裳中伸出的长长的飘带，走起路来，牵动着下摆尖角，如燕子飞舞，故有“华带飞髾”“扬轻之猗靡”的描写。髾是与襳相配套的发髻，这种髻可以是双髻也可以是高髻，特色在于髻后垂有一髾，就是盘成髻又在其后垂下一撮头发，称“垂髾”或“分髾”。此髻与此服相搭配，可以制造飘飘欲仙的感觉。“罗衣何飘飘，轻裾随风还”，《洛神赋图》中的洛神就是此服的最佳形象资料。

三、南朝服饰

（一）南朝的官服

南朝朝会时的服装，天子戴通天冠，黑介帻，着绛纱袍，皂缘中衣为朝服。通天冠的形制，晋、齐于冠前加金博山颜。皇太子则戴远游冠，梁前亦加金博山；齐太子用朱缨、翠羽；诸王则用玄缨，着朱衣绛纱袍，皂缘白纱中衣，白曲领为朝服。王者后及帝之兄弟、帝之子封郡王者也服之。

百官则戴进贤冠，有五梁、三梁、二梁、一梁之别。惟人主用五梁；三公及封郡公县侯等用三梁；卿大夫至千石为二梁；以下职官则为一梁。

武官晋名“繁冠”（也有称笼冠、皮弁、建冠），此冠为武官与侍臣之冠，侍中、常侍加金珰附蝉，插貂尾，侍中插左，常侍插右。与此冠相配上身着朱衣，下身着大口裤。

鹖冠即在冠两边加插鹖尾，为武骑、武贲等所戴。

法冠即獬豸冠。传说獬豸是一种能辨曲直是非的独角神羊，它会用它的独角抵触恶人。所以此冠为法官所戴，不过法冠有两角。

佩绶这时仍为有官职者所佩戴。如《晋书·舆服志》记载：文武官公皆假金章紫绶，相丞相绿绶，此外金章紫绶、银章青绶、铜印黑绶等，并有佩玉及佩水苍玉等之差别。宋大体也如此，只是关于佩玉各代有所变化。

簪白笔就是将笔插于耳后发中，遇有朝会等事时，用以奏事、记事。最初待史簪白笔，是用以奏不法之事的。除簪笔之外，士人还戴紫荷带用以盛物，手持笏版，用以奏事时备忘。

（二）南朝一般男子服饰

衫与魏晋的衫形制相同，对襟、衣身宽博，衫的袖口宽大。因其宽松舒适，在江南，上至王公名士，下及黎民士庶，均以宽衫大袖为时尚。

半袖是一种类似于短袖的衣着。从皇帝到普通的百姓平时家居都可以穿着。

裙。南朝男子虽着衫、袄，下着裤，但外面必须以裙笼之。《宋书·羊欣传》记载，羊欣曾着一新绢裙昼寝。王献之过其家见其寝睡未醒，遂在裙上书写数幅而去，这就是有名的“羊欣漫笔”的装饰法。《宋人画册》中王羲之像也作如此装束，此画虽为宋人画，但当时画者显然有所依据。若只穿襦裤，而不加裙的话，是不礼貌的，只能私处家居时穿。裸身只穿裈或裤除劳动者之外，一般是别有用心的。不论是汉代司马相如着裈裤是为了羞辱他的岳丈，还是祢衡裸身着裈击鼓骂曹，只着裈不着裙，是极不礼貌的行为。

裤、裈。南朝的裤合裆，宽裤口，在穿着时，又长又宽的裤腿常用一绳系扎于膝盖之下。另外，这时的裤子大多肥大，类似于今天的喇叭裤。裈是短而有裆的裤子，汉代时已出现此类装束，多见于劳动中的男子服用。

鹤氅。鹤氅本是用羽毛制作的羽衣。《世说新语》记载，王恭乘高舆，披鹤氅裘，于时微雪，孟昶见之曰：“此真神仙中人。”盖此衣宽大且系羽毛所制，既可作裘衣避寒，又可避雨，更有飘洒之风，后人将披风一类服装统称为鹤氅，已失其本意。

与以上服装相配合的有帻、巾、帽和幞头。

巾。宋代诗人苏轼的《念奴娇》中“羽扇纶巾”的纶巾，是幅巾的一种，一般认为以丝带织成。因传说为诸葛亮服用，故名“诸葛巾”。幅巾束守，即不戴冠帽，只以一块帛巾束首，始于东汉后期，一直延续到魏晋，仍十分流行。对唐宋时期的男子首服也有一定影响。巾根据形状可以分为帢巾、幅巾、角巾。其中帢巾是古皮弁的缣帛替代品，除缣之外，还可用白纱；帢款式有单的、夹的，用途极广，丧、祀、婚、冠、送饯都可以用。

帻。南朝的帻和汉代的帻巾还有一些不同，汉代的帻巾可以作为束发的裹头单用，也可以用作束发裹头的衬里，衬在帽子里。至魏晋时，其制式已经和帽子样类似了。使用时戴上即可，无须系裹。在南朝帻大致可分为两大类：一为尖顶的“介帻”、另一为平顶的“平上帻”。平上帻多用于文吏，介帻多用于武官。

帽。魏晋时期的冠帽也很有特色。汉代的巾、帻依然流行，但与汉代略有不同的是帻后加高，体积逐渐缩小至顶，时称“平上帻”或叫“小冠”。小冠上下兼用，南北通行。如在这种冠帻上加以笼巾，即成“笼冠”。笼冠是魏晋南北朝时期的主要冠饰，男女皆用，因以黑漆细纱制成，又称“漆纱笼冠”。另外，帽类有几种样式：一种“白高帽”，“其制不定，或有卷荷，或有下裙，或有纱高屋，或有乌纱长耳”；一种“突骑帽”，“如今胡帽，垂裙覆带，盖索发之遗像也”等等。

南朝的帽没有北朝的帽穿着普遍。南朝的帽是一种特有的帽子，叫白纱帽，是天子的首服，也叫“白纱高顶帽”。南朝的天子宴客时都戴白纱帽。萧道成即位时，加冕用的就是白纱帽，南朝凡成为皇帝者都戴白纱帽。皇太子在上省则戴乌纱帽，在禁中永福省则戴白纱帽。梁天监八年乘舆、宴会改服白纱帽，都能说明南朝以白纱帽为贵。南朝崇白，且戴纱帽，主要和南朝的气候条件有关。所以，南朝的帽式大多有帽裙，裙制不定，有卷荷式的裙，有下垂式裙，还有乌纱长耳。齐东昏侯的“逐鹿帽”，形状极窄狭；“凤凰度三桥”是一种立帽式，骞其口而舒二翅的帽子。南朝百姓普遍所戴的帽子叫“大障日帽”，是农商们所戴的帽子，帽状彰日覆耳，也叫“屠苏”，言其形如屋式之大而又履耳。

幞头。占用三尺皂绢或罗向后裹发，至后周武帝裁为四脚，即四带。前面两条大带从前抹过额而系于脑后，再将后两条小带系向前而结于髻前。其制源于前期的幅巾之制，史载都说幞头起于后周，当时南朝还未曾广为采用。

鞋。南朝的足服有木屐、草鞋、靴。

木屐是南朝盛行的足服，上至天子，下至文人、士庶都如此。据《宋书·谢灵运传》说：谢灵运常着木屐去登山，上山时去其前齿，下山时去其后齿。《宋书 · 武帝妃》里也有记载：宋武帝刘裕性格简朴，常穿着连齿木屐出宫。晋阮孚也有“未知一生当着几量屐”的句子，可见木屐在南方是非常流行的。草鞋是当时一般士人或贫者所常穿的足服，有蒲草的、有芒草的，常用南方常见的蒲类植物编织。

（三）南朝女子服饰

南朝女子的典型装束有衫、襦、裙。服式宽博，但都束腰。衣有对襟，也有交领和袖饰缘边，交领都右衽。裙是这一时期妇女的主要装束之一，制作材料也多种多样。当时贵妇、富家女子一般长裙曳地，有时还不止一层。

魏晋南北朝时期的妇女发式，与前代有所不同。魏晋流行的“蔽髻”，是一种假髻，晋成公的《蔽髻铭》曾作过专门叙述，其髻上镶有金饰，各有严格制度，非命妇不得使用。普通妇女除将本身头发挽成各种样式外，也有戴假髻的。不过这种假髻比较随便，髻上的装饰也没有蔽髻那样复杂，时称“缓鬓倾髻”。南朝妇女的装束既有对前代的继承，又有创新。发髻除汉魏两晋以来流行的灵蛇髻、撷子紒、飞天紒、流苏髻、偏髾髻等之外，仍有假髻的流行，在假髻流行之时，妇女发髻形式高大，发饰除一般形式的簪钗以外，还流行一种专供制成假发的钗子，如贵州平坝南朝墓出土的顶端分叉式银簪银钗，承重的意义大于装饰的意义。在江西抚州晋墓出土的金双股发钗，长 7.5 厘米，一股锥形，一股带钩。湖南资兴南朝墓出土的铜双股发钗，双股均作锥形，质朴无华，是固发用的。

魏晋时还有在发髻上再加饰步摇簪、花钿、钗镊子或插以鲜花等的习俗。

此时南朝妇女的化妆与汉代妇女的化妆手段相似，但做法不同。施白粉使面部显得更加白皙细腻，施胭脂使面色红润娇艳，在这两点做法上与汉代相似。不同之处在于，如南朝梁江洪《咏歌姬诗》中所咏：“薄鬓约微黄，红淡铅脸”，可见此时面部除白色的铅粉、红色的胭脂之外，还有黄色扫鬓。以后北朝有“对镜贴花黄”（《木兰辞》）的名句，花黄的装饰在南北朝妇女中同样流行，也算这个时代的时尚。

面妆中除面部装饰外，还有眉与唇的装饰。南朝女子常剃去自己的眉毛，再用黛石画上新的眉毛。据《宋起居注》记载：北凉统治者沮渠蒙逊曾向南朝宋进献青雀头黛百斤。当时黛石的用量相当多，唇红在此时也非常流行。当时除妇女外，男子化妆的亦不在少数。两魏时的名士何晏就是一个典型，“晏性自喜，动静粉白不离手”（《三国志》卷九）。而到南朝梁时则发展为社会风尚，贵族子弟“无不熏衣剃面，傅粉施朱”（《颜氏家训》卷三）。这种风气到梁末战乱之后才有所转变。

南朝妇女的饰物，除前文魏晋时提到的簪、耳、钗、步摇之外，这时南朝的妇女中还流行戴跳脱与指环。跳脱，亦称条脱，是妇女戴在小臂上的金属饰物，垂手时则落到腕部，后世则称之为臂钏或腕钏。南朝梁简帝有“衫轻见跳脱”（《和湘东王名士悦倾城诗》）的句子。南齐东昏侯潘妃的一只琥珀钏就值 170 万。指环，就是今天妇女所戴的戒指，在这一时期的墓葬中有相当数量的金、银指环出土，可见当时妇女使用此饰物的普遍程度。指环在魏晋南北朝时期流行已较普遍，江苏宜兴晋墓和辽宁北票房晋墓出土的金指环，有环面一头狭一头宽，在宽的环面上凿出点纹的，既可装饰，又可在缝衣时做顶针之用，在江苏宜兴周处墓和广州西郊也曾出土顶针。贵州平坝马场南朝墓出土的银指环，外廓作刻齿状装饰。辽宁北票房晋墓出土的另一件金指环，一端戒面有意扩大成长方形，上凿三个相连的矩形托座，托座上镶嵌着三颗宝石，出土时一颗蓝宝石仍附于托座上，另两颗宝石已残缺，宝石周围也凿有花纹，精美华贵。南京象山东晋早期豪族王氏墓出土一只金刚石戒指，金刚石直径 1 毫米多，嵌在指环方形戒面上。当时称金刚石为“削玉刀”，认为它“削玉如铁刀削木”。据《宋书·夷蛮传》记载，元嘉五年（公元 428 年）和元嘉七年（公元 430 年），天竺迦毗黎国和呵罗单国治阇婆州都曾派使进献金刚指环，则金刚指环是外国入贡的礼品。在内蒙古凉城县小坝子滩发现了一只戒面雕成兽头形的嵌宝石戒指；呼和浩特美岱村出土一件北魏时戒面铸立狮的戒指，周身用细小的金珠粒镶出花纹，并嵌有绿松石的装饰。

河北定县华塔废址北魏石函中发现了一对金耳坠，在耳环上挂着 5 个用细金丝编成的圆柱，圆柱上挂着 5 个小金球及 5 个贴石的圆金片，下部为 6 根链索垂有 6 个尖锤体，长 9 厘米多。四川重庆六朝墓曾出土蓝色琉璃耳珰。

在与北方胡族接触的过程中，中原汉民族也吸收了不少北方少数民族的服饰特点，如将衣服裁制得更加合体紧身，颜色花式采用胡族的时尚等。传统的中原服装样式受到胡风的冲击，在男女便装、常服中逐渐消失，而北方胡服则成了社会上的普遍装束。

四、北朝的服饰

北方各民族大多从事畜牧业，游牧民在生活中习于骑马，惯涉水草，所以他们的衣着大多以衣裤为主，即上身着褶，下身着裤，称之为“裤褶服”。褶的形式类似于袍，只不过与袍比起来，褶身子短而袖子大。下身着裤子，这是北方最常见的服饰。除此之外，北方少数民族在进入黄河流域以后还吸收了一些汉族的服饰，另外还有许多居于北地的汉族也给北方民族的服装式样增加了新的内容。

袍。北朝的袍和南朝的袍不同，一般都很合体，很少宽衣博袖，领式也很少有对襟领，这可能和北方凉冷的气候环境以及骑马游牧的习惯有关。北朝的袍，开领一般很小，开在颈旁的小夹领较多见，左衽交领也较多，并以此作为与汉族的区别。北朝的袍袖较小，袍色较鲜艳，一般用五色或红、紫、绿等色，北朝的衣服不仅鲜艳，而且镶滚以杂色的领边和衣裾，名叫“品色衣”。在北朝“品色衣”可作为朝会之服。

北朝的衣包括上文的褶和袍，都采用锦绣及刺绣。尤其是北朝的富户，他们的衣服面料都是用色彩艳丽的织锦制作的。锦有大登高、小登高、大明光、小明光、大博山、小博山、大茱萸、小茱萸、大交龙、小交龙、蒲桃文锦、斑纹锦、凤凰朱雀锦、韬文锦、桃核文锦等。这些锦有的纬线起花，有的经纬起花，不仅纺织工艺很高，而且印染的技术也很高，这时已使用绞缬、夹缬等工艺手段。

北朝的衣，无论袍还是褶上常束革带。北朝人对腰中所束的革带非常讲究，将此带称之为“蹀躞带”。带上一般要挂弓箭、帉帨、具囊、刀砺之类，以应付日常生活之用。另外革带上还可装饰金玉杂宝等饰物。据史载，北朝的帝王常将自己所佩之腰带赐予下属，《李贤传》中即有“降玺书劳贤，赐衣一袭及被褥并御所服十三环金带一要（腰）”的记载。

帽。北朝人本被中原汉人称为“索虏”，意即索头不再冠帽者。北朝风俗的确如此，北人多辫发，不束发不戴冠。但受北地寒冷气候所限，北人冬天则多戴帽，随着南北交往的增多，也有北人戴冠的现象存在。《周书·宣帝纪》中就记载有周宣帝戴通天冠、穿绛纱服的内容。

靴。北人足登革靴。

北朝的服饰在胡族与汉族的交往中，也有未按自己本民族习俗穿着的情况存在。最著名的就是太和十八年（公元494）北魏孝文帝自平城迁都洛阳，为加强对中原地区的统治，全面推行汉化政策，改革旧有鲜卑习俗，衣冠服饰首当其冲，“群臣皆汉魏衣冠”，尤其是祭祀之服及朝会之服，几乎完全采用汉魏制度。这次大规模的改革，史称“孝文帝改革”。

五、南北朝的军戎服饰

魏晋南北朝战乱频繁，两军相战，都是为了保护自己、消灭敌人。为了更有效地保护自己，抵御敌人的武器伤害，冷兵器时代的人们更加强化战时护体之服的功能和作用，使得这一时期的戎服在服饰史上值得大书一笔。魏晋南北朝时期，武士的甲胄在战乱之中得到很大的发展。其中筒袖铠、两当铠和明光铠是当时铠甲中比较典型的形制。

魏晋的铠甲一般由四部分组成：头盔（首铠、兜鍪、头鍪）、肩甲、胸甲和腿甲。铠甲的命名与祭服的命名不同，祭服常以冠式命名，如弁服、冕服等，但铠甲的命名多以胸甲的形式。故此，除筒袖铠之外，两当铠和明光铠都是以胸甲的特点来命名的。

两当铠也称“两裆铠”。因其形制与当时服制中的两裆衫相接近故名，两当铠是南北朝时将士的主要装备，这种铠甲早在三国时已经出现，只是当时只出现于皇帝的赏赐记录里（《北堂书钞》卷一二二引曹植《赐臣铠表》中就有“先帝赐臣两当铠领”）。南北朝时，不仅用于士兵，而且被指定为武官的甲制。两当铠通常由胸甲及背甲两片组成，肩上用皮带搭襻前后扣连，腰间用皮带系扎，头戴盔。甲片下端略作小圆角形，也有作鱼鳞形或有带椭圆形者，且大体已具有甲裳（腿裙），甲裳分左右两片；也有上身穿两当铠而下身着大口裤，即大口裤褶上加两当甲，此式多为仪式者的甲式。

明光铠是一种在胸背之处各装有一面金属圆护心镜的铠甲。穿着它在太阳下作战，会反射出耀眼的光亮，故得名明光铠。这种铠甲最早出现在三国。曹植在《赐臣铠表》中就曾经提到过它的名称。不过真正普及，还是在南北朝后期。《周书·蔡右传》记蔡右穿着明光铠，杀入敌阵所向披靡的情景，敌人哀叹“此是铁猛兽也”。自明光铠出现后，两当铠便屈居其下，直到隋唐时期，明光铠仍是军队将官的主要装备。

筒袖铠是在东汉铠甲的基础上发展而成的新型铠甲，它的主要特征是以小块的鱼鳞纹甲片或龟背纹甲片，连属前后，穿缀成圆筒状的甲身，并在肩部装有护肩的筒袖，从而得名“筒袖铠”。穿此甲戴头盔，是西晋、三国时军队的主要装备。除以上三种主要铠甲之外，士兵日常会着裤褶装作战袄，日常着此服，战时在此服上披挂铠甲。所以活动方便的裤褶装又被称为“急装”。袴褶是一种套装，袴与褶原为两物。袴，无裆之裤谓之袴（以别于有裆之裤“裈”）；褶是一种翻领、左衽、身长至胯的夹衣，所以赵武灵王胡服骑射中的胡服说的就是袴褶装。汉朝时此服已用于军旅，魏晋南北朝时因战乱频繁，用于军旅的战袍也常被用于日常穿着。

在南北朝时除男子穿铠甲外，女子也着铠甲。《南齐书·魏虏传》载：“太后出，则妇女着铠骑马，近辇左右。”这当是一种仪卫的排场。

除了人身的防御外，为保护战马起见，在战马身上也加以铠甲，称为之“马具装”。

总体上，北朝的铠甲较之南朝的铠甲做工要更加精细一些，材料更精良些，数量也大。

第三章　隋唐服饰

第一节　隋唐服饰之精彩

隋唐时期疆土辽阔，统治者为了维护国家的稳定与安全，在继承和总结秦汉以来国家政治制度的基础上，制定了一套完善的政治制度。与此相适应的服饰制度也较为完备，并且体制完善、等级森严，各个等级之间往往通过不同的服色和饰品予以区分。

隋唐时期的纺织业迅速发展，缫丝技术也有了很大的进步，由原来简单的缫丝框逐渐发展为比较完整的手摇缫丝车。亚麻的种植、加工几乎遍及整个中国，河北的绫罗、江南的纱、彭越两州的缎等一大批纹样绚丽美观、色彩艳丽的服料，为盛唐独特服饰风格的形成提供了保障。另外，夹缬、绞缬、拓印等先进印染技术的发展，尤其是媒染剂的开发利用，大大提升了服饰的印染技术和水平。

隋唐时期，处在社会中上层及家里富裕的人做衣服都非常喜欢丝绸。而且，丝绸经过不同的工艺处理，还可被制作成彩锦、特种宫锦、刺绣、泥金银绘画、印染花纹等多种服饰面料，花样翻新，争奇斗艳，使服饰、披肩等式样不断创新。平民百姓虽然也可以使用普通的素色丝绸制作衣服，但是因为丝绸比较昂贵，麻布类织物仍然是他们主要的衣料。

第二节　唐代男子服饰

一、胡服

胡服对汉族的影响，始自赵武灵王的“胡服骑射”，历经两汉、魏晋南北朝，至隋唐已达最盛时。隋唐时胡服不仅是仕宦的官常服，而且士庶百姓也以胡服为时尚。原因有三：一是因为杨、李姓皆有胡人血统，习尚自然不同于中原土著，所以在胡服流行时，当时人已不视胡服为胡服；二是因为李唐地起自陇右，又历经北周与隋的统治，对胡俗承袭、兼收并蓄多；三是盛唐之时，唐社会安定，经济发达，许多异族（胡人）留居于长安，使长安胡化兴盛一时。

胡服的具体形制如下：窄袖，圆领越翻领袍，服色绯服，色彩鲜艳，短衣，小口裤，长靿靴，腰束蹀躞带，头戴各式胡帽或乌纱巾。

二、加襕袍与加襕衫

加襕的意思就是在袍的膝部加襞积，使袍的一摆变阔便于穿着者行动。加襕袍是一种汲取了深衣上衣下裳连属的形制，再结合胡服窄袖、圆领的特点而形成的一种新的服装，绝非“深衣加襕的袍”。

加襕袍与加襕衫贵庶通用，不过在服色的使用上有严格的区别。《新唐书·车服志》记载：“……一命以黄，再命以黑，三命以红，四命以绿，五命以紫，士服短褐，庶人以白。”以后又有“三品以上服紫，五品以上服绯，六、七品服绿，八、九品服寿……妇从夫色”的记载。可见唐代的加襕袍、衫主要以服色区别等第。在唐以前，黄色上下可以通服，如隋朝士卒服黄。唐代认为赤黄近似日头之色，日是帝皇尊位的象征，“天无二日，国无二君”，故赤黄（赭黄）除帝皇外，臣民不得僭用，把赭黄规定为皇帝常服专用的色彩。唐高宗李治（650—683）初时，流外官和庶人可以穿一般的黄（如色光偏冷的柠檬黄等），至唐高宗中期总章元年（668），恐黄色与赭黄相混，官民一律禁止穿黄。从此黄色就一直成为帝皇的象征。

唐高祖曾规定大臣们的常服：亲王至三品用紫色大科（大团花）绫罗制作，腰带用玉带钩；五品以上用朱色小科（小团花）绫罗制作，腰带用草金钩；六品用黄色（柠檬黄）双钏（几何纹）绫制作，腰带用犀钩；七品用绿色龟甲、双巨、十花（均为几何纹）绫制作，带为银銙（环扣）；九品用青色丝布杂绫制作，腰带用瑜石带钩。唐太宗李世民（627—649）时期，四方平定，国家昌盛，他提出偃武修文，提倡文治，赐大臣们进德冠，对百官常服的色彩又做了更详细的规定。据《新唐书·车服志》所记，三品以上袍衫紫色，束金玉带十三（装于带上悬挂蹀躞带的带具，兼装饰作用）。四品袍深绯，金带十一。五品袍浅绯，金带十。六品袍深绿，银带九。七品袍浅绿，银带九。八品袍深青，九品袍浅青，瑜石带八。流外官及庶人之服黄色，铜铁带七（总章元年又禁止流外官及庶人服黄，已见上述）。唐高宗龙朔二年（662）因怕八品袍服深青乱紫（古代用蓝靛多次浸染所得深青泛红色光，故怕与紫色相混），改成碧绿。自春秋时期齐桓公（公元前685—前643年在位）穿紫袍始，才确定了以紫为上品的服装色彩格局，至宋元一直未变，到明朝才被大红色所取代。《新唐书·车服志》记载文官官服花式，有鸾衔长绶、鹤衔灵芝、鹊衔瑞草、雁衔威仪、俊鹘衔花、地黄交枝等名目。

唐代政府规定的服装色彩制度，在实际生活中其实是无法彻底执行的。唐高宗咸亨五年（上元元年、公元674）五月，因在外官人百姓于袍衫之内，穿朱、紫、青、绿等色短衫袄，或在乡间公开穿这些颜色的袍衫，故又颁布过禁令。

加襕袍秋、冬季服用，加襕衫春、夏季服用。

三、缺胯袍与缺胯衫

缺胯，指在袍衫两胯处开启的形制。缺胯与加襕一样是为了便于行动，因此这种袍衫被作为一般庶民或卑仆贱役等低级阶层百姓的服装，具体形制为圆领、窄袖、缺胯，衣长至膝下或及踝。穿此种袍衫者，一般多内着小口裤，显着短靿靴。劳作时有人将衫子的角掖于腰带间，称之为“缚衫”。

缺胯袍衫的颜色初时流外官以庶人用黄色（但禁用赤黄色），总章元年禁士庶通用黄色之后，改为白色。一度此服为军旅之服，通服于隋唐。

褐褐是一种粗衣，用麻或毛织成，有长有短，为一般平民与隐士穿着。

四、半臂

顾名思义，半臂是一种半袖衫，其形制为合领，对襟，胸前结带；穿时加于衫子之上，也有穿于袍服之内的，为春秋之服。这种服饰兴于隋朝，是自晋之“半袖”发展而来的内穿之服。至唐此服颇为流行，且男女通服。

此服虽穿着没有禁忌，但随穿着社会地位和经济地位的不同，其质地、纹饰、色彩不同，如隋炀帝宫人及官宦贵族母妻等，均以大红罗为料质，以蹙金飞凤为纹饰。唐朝最奢华的男子半臂有以银泥画鸾鸟纹饰，而一般庶民恐无能力穿如此奢侈的半臂。半臂在流行的过程中还有半袖、背子、绰子、搭护等名目。

五、幞头

幞头是隋唐五代时期男子经常戴的而且是主要的一种巾帽，上至帝王、下至庶民，皆以幞头为常服。幞头自后周武帝宇文邕创始以来，历经隋、唐、五代、宋、明各朝，上下千余年。期间各朝均有改制，并形成各个历史时期的不同风格与款式。隋、唐、五代时期是幞头逐渐成形、发展变化最活跃的阶段，尤其是在晚唐、五代时，幞头逐渐形成了官署不同的软脚与硬脚、垂脚与展脚的分支，并在巾胎的软硬、方圆等诸方面也产生了明显的区别。

据《中华古今注》中记载：“本名折上巾，但以三尺皂罗向后裹发，盖庶人之常服，沿至后周武帝始裁为四脚，名曰幞头。”隋初的幞头基本上是因袭北周之制，只是以全幅黑色罗帕，向后幞发，形式矮平简单。从隋末开始，在幞头之下另外加了一个“巾子”扣在发髻上，其作用相当于一个假发髻，以便使幞头裹出一个固定的形状。巾子的质料初为桐木，其后又有丝、葛、纱、罗、藤草、皮革等。

唐朝的幞头是在隋朝的基础上发展而来的。但初唐、盛唐、中唐、晚唐各个时期的具体形制均有变化。初唐流行“平头小样”；则天朝流行“武家诸王样”；中宗时流行“内样巾子”，又称“英王踣样”；玄宗朝盛行“官样巾子”。隋至盛唐流行的幞头因属临时缠裹的柔软的绢罗，所以称为软裹幞头。又因为这一时期的幞头均为两脚不垂的，所以又称为软脚幞头。

中唐巾子的踣已由前俯变为直立。晚唐巾子变为微微后仰，巾顶的分瓣也不十分明显，两脚渐为平直或上翘，被称之为“朝天幞头”或“朝天巾”。至五代，幞头已发展成两脚平直，有木胎围头，在木胎上糊绢罗，涂上里漆，成为可脱可戴的帽冠。宋明的官帽——乌纱帽就是从此发展而来的。中晚唐至五代宋的幞头因其脚内用铁丝缠裹成硬脚，所以根据脚的形状不同又分为交脚幞头、折脚幞头、垂脚幞头、顺脚幞头或顺风幞头、展脚幞头、直脚幞头、朝天幞巾或朝天巾等等。

六、胡帽

胡帽是随着胡服在中原地区的影响日渐加深而流行起来的首服。在隋唐五代的官宦士庶人中，不分阶层均以之为时尚，但因为其来源于不同的民族、不同的地域，所以形制较为复杂，主要有帷帽、浑脱帽、席帽等。帷帽是一种高顶的大檐帽，因其檐下垂一丝网的“帷”故得名，它是由西域传入中原的一种少数民族戴的帽子。因此帽蔽日遮风适合旅行用，在唐代帷帽男女通用。浑脱帽，也叫浑脱毡帽。羊皮制，高顶，尖而圆。北周时由西域龟兹国传入中原，盛行于唐。“浑脱”，乃一种胡舞，始称“泼寒胡戏”。

“泼寒”是胡人每年十二月用水互相泼洒乞寒、互相祝福的活动。浑脱舞在武则天、中宗两朝尤为盛行。浑脱帽亦即由舞而渐成风，为时人所尚，直至五代、宋各朝，仍烟烬不绝。席帽，本是羌人的帽子，用席藤制作，有时会在席藤上加桐油以防雨。但席帽也不全是用席藤制作的，还有用毛毡制作的。元和年间宰相裴晋公早朝时，遇刺，刀刃及其帽檐被阻，而未受伤，自此此类帽子大受欢迎。

七、裤

隋唐五代的裤很多，有一种与“褶”相搭配，称为“褶袴”。褶袴在魏晋南北朝戎装一节已讲过，在此不再赘述。唐褶裤从形制上看有单裤、复裤（或称绵裤）、短裤、裈等。从现有的资料来看，唐代的裤已合裆，穿在袍衫里面，裈更多指内裤。从裤的原料看，当时又有布裤、纱裤、罗裤、皮裤、绸裤等。裤的色彩唐人多用白色。

八、靴履

靴在隋唐这一时期是男子的流行脚服。隋朝初年，皇帝贵臣就多服长靿乌皮六合靴，唐初嫌长靿靴穿脱困难，改长靿为短靿，且允许上朝时穿用，使靴成为官服的一个组成部分。后来，受胡风影响，靴就贵贱通用了。李白逼高力士脱靴就是在唐朝普遍服用并可以上朝的明证。六合靴是用六块皮子缝合而成，看上去有六条缝，所以叫六合靴，为方便穿脱靴靿一般都很宽大，靿口用带系住，靴靿里往往可以藏刀、书信，甚至能藏进一个小笸箩。除六合靴外，唐代还流行吉莫靴、蛮靴。履在这一时期有麻、丝、皮、藤、棕、草等质地。除此之外还有绣鞋和木屐。一般而言，穿履较之靴要方便。履从形式上说，与今天的鞋不同的是所有履的头都要上翘。

九、腰带带具

隋唐时期，蹀躞带已是男子常服通用的东西，蹀躞是革带上以备挂物的小带子，已于前章叙述。因蹀躞带是从西北少数民族流入中原，至隋唐而盛行，故在隋唐初期，革带上所系蹀躞较多，盛唐以后减少，少数民族和东西邻国所系蹀躞较多，汉族所系较少，这是生活方式不同的缘故。过着游牧流动生活的少数民族，居无定处，需要随身携带弓、剑、砺石（磨刀石）、火镰、帉（音芬，大巾为帉）、帨（手巾）、针筒、算囊之类生活器具，带得越齐全，使用时越方便。汉族过着定居的生活，腰间东西挂得太多，反而感到累赘。北朝末期和隋唐初期，以蹀躞带上的质料和数目多少表示服用者身份高低，最高级的革带装十三，为皇帝及高级大臣所用。形状有变化，唐太宗赐给功臣李靖的十三环玉带，形状七方六圆。唐韦端符在《卫公故物记》讲他见到的十三环带，形方者七，挫者二，隅者六。十三各附环，佩笔一，火镜二，大觿小觿各一，具囊二，椰盂一，还有五种东西已亡失。据《唐会要》卷三十一载：景云二年（711）令内外官依上元元年（674）敕，文武官带七事，即算袋、刀子、砺石、契必真、哕厥、针筒、火石袋等蹀躞七事。后唐马缟《中华古今注》卷上说唐朝后来规定天子用九环带。在西安何家村出土的十副玉带中有一副白玉九环带，九环外有三个三角尖拱形并在底部琢有扁穿孔可系蹀躞的。另外，像陕西西安郭家滩隋姬威墓的玉带只七环，是不完全的带具。日本美鹤美术馆也保存了同样的一套。唐五品以上武官有佩蹀躞七事的制度，但初唐绘画如《凌烟阁功臣像》和《步辇图》中的官员只佩香囊和鱼袋。西安唐韦炯墓石椁线刻人物有在革带上佩刀的，可带上悬挂的蹀躞数目不多。而在西安唐永泰公主墓墓石椁线刻男装宫女身上所束钿镂带上悬挂的蹀躞反而较多，男装宫女中有一个头梳双髻、身穿窄袖圆领衫、小口袴，平头花履，双手捧方盒的，画面只看到她身体的正面和左侧面，已看见她腰带上悬有八根蹀躞带，如加上看不见的右侧面所悬数目，应达十三根，除腰间有时挂香囊小银铃外，一般不在蹀躞上挂东西，只是一种时髦的装饰打扮。而敦煌壁画中的进香贵族，却具有佩蹀躞七事的形象，可见胡汉习俗的不同。盛唐以后，汉族革带蹀躞渐少，至晚唐几乎不在革带上系蹀躞，只把带保留下来作为装饰了。带有玉、金、银、铜、铁等不同质地，以玉最贵。唐代玉有素面的，有雕琢人物及动物纹样的。西安何家村出土的白玉分方圆二式，上雕狮子纹，下附环。辽宁辽阳曾出土浮雕抱瓶童子纹玉，下面开出可直接挂蹀躞带的扁孔，称为古眼。这是后期的形式，这种形式由盛唐流行到辽代前期。张祜诗“红罨画衫缠腕出，碧排方胯背腰来”，说明玉露于背后。玉紧密排在革带上的称“排方”，排得稀疏不紧的，称为“稀方”。

革带尾端所装铊尾（又名挞尾、獭尾、鱼尾），带尾端原来由上向下反插，唐高宗诏令铊尾向下插垂头。《新唐书・车服志》说“腰带者，搢垂头于下，名曰铊尾，取顺下之义”。唐代金带铭文都刻在铊尾上，前蜀王建墓出土玉带具，铊尾也刻有铭文。从中唐时期起，革带除单带扣、单铊尾的款式以外，又出现了一种左、右腰部两侧各系一带扣和铊尾的双带扣双铊尾款式，系紧之后，双尾分垂一旁，起对称装饰效果。五代顾闳中《韩熙载夜宴图》中之执扇者是背侧身的姿势，正好能看清楚他的装饰效果。这种革带，前腹和后背部分都可装，不像单铊尾带那样穿过扣眼后有一段会被腰带遮住，故到宋金时期就渐渐流行开来。

第三节　唐朝女子服饰

唐代女子的社会地位虽较之后代明清女子的社会地位重要，在武则天时也是女主执政之先河，但总体上妇女普遍较少涉政。所以妇女有礼服而无官服，法令就妇女服装的规定也相对简单。而妇女的便服由于受时尚影响的原因而呈现多姿多彩的局面。

一、礼服

隋唐五代妇女文帝时规定皇后祭服四等：袆衣、鞠衣、青服、朱服。到唐代，高祖李渊将皇后之服简省为三等：袆衣、鞠衣和钿钗礼衣。据《武德令》记载，袆衣和鞠衣都是头上饰花十二株。袆衣青色，上有十二行翚翟花纹。系蔽膝，大带，腰系白玉佩，显着青色袜、舄，舄上有金饰物，凡受册、助祭、朝会等大事时服用。鞠衣黄色，无雉纹也无佩，显着履，宴见宾客时间服用。内外命妇的礼服与皇后又不同。有翟衣、钿钗礼衣、公服、宴服等名目。翟衣青色，首饰和翟的数目随地位而不同，在受册、从蚕、大朝会、婚嫁时穿用；钿钗礼衣仍为杂色，无雉纹且钿数不同，这是命妇朝参、辞见时的礼服。宫内女官和七品以上命妇的礼服是杂色礼衣，没有首饰。七品至九品则无论大事与否均穿公服。至于宴服，命妇们的服色随丈夫或儿子官服的颜色。

唐妇女礼服的制式变化较少，直至唐末也没有大的变化。

二、常服

唐代妇女的常服主要由衫（襦）、裙、帔组成。

（一）衫、襦

衫、襦皆为上衣，是隋唐五代妇女最常见的上衣。衫一般为春、夏的轻薄衣，襦为秋冬穿着的较厚的衣，多为夹或棉的。隋唐初，衫、襦较短小，窄袖，掖在裙腰内，中唐以后，衫、襦变得逐渐宽大，以至唐文宗时不得不下诏，限制襦袖不得超过 1.5 尺，而在此之前有的地方妇女的衣袖阔达 4 尺。衫、襦在唐代总体上由紧窄向宽肥发展。衫、襦的颜色一般用白、青、绯、绿、黄、红等几种颜色，唐女子受异域文化的影响，尤喜红衫。一般衫用布做，昂贵的则用织有金银线的罗制作。襦则多绣有各式花样，质地也因经济条件不同有布、罗、绫等。

（二）裙

隋唐五代皆流行长裙。隋及唐初的裙子较窄瘦，上有许多褶，有单色裙也有间色裙。穿着时，常将裙提系于胸，一方面使裙子显得更长，另一方面在紧小的窄袖小衫（襦）突出了胸部线条之后，省略了腰际线的长裙则充分拉长了妇女腿部的线条，使身材高度不高，胸、腰、腿各部分比例不太符合黄金分割比例的东方女性，隐拙扬长，聪明地突出了东方女性的柔美。到唐中后期，这种带间褶的裙已不再流行，取而代之的是比较宽松的裙子，但束腰的位置不变。裙的材料多种多样，贵重的有绸裙、纱裙、罗裙、金泥簇蝶裙、百鸟毛裙等。裙的颜色以红、黄、绿为多。红裙即石榴裙，常为诗人所咏唱；黄裙即郁金裙，为杨贵妃特别喜爱。

（三）帔

帔是搭在肩背上的长帛巾，当时多称为“帔子”，也叫“帔帛”“披帛”“领巾”，据孙机先生考证，帔由波斯经西域传入内地。在隋唐五代时妇女使用较为普遍。从形制上看，有的帔子长，有的帔子短。在室内用的帔帛与室外用的帔子形制也不太相似。帔的质地有绫、帛、丝、罗等。颜色也以红、绿、黄为多，诸如“单丝罗红地银泥帔子”就是名贵的红色帔子。隋唐妇女以丰腴为美，搭帔的形式可以消除丰腴带来的笨大的感觉，从而产生风姿绰约的感觉。

在唐代的绘画或陶俑中，都可以见到妇女穿着窄袖的衣服，袒着胸口，露出半只臂膊，系着束到乳房以上的长裙。在她们的肩背上还披着一条长长的围巾。这围巾两端垂在臂旁，有时一头垂得长些，一头垂得短些；有时把围巾两头用手捧在胸前，下面垂至膝下。有时把右边一头固定束在裙子系带上，左边一头由前胸绕过肩背，搭着左臂下垂；有时把披在两肩膀的垂端凑在胸前，好像穿着一件马甲。形式很多，都很合乎审美的要求。这种长围巾就是“帔帛”。帔帛的来历，据后唐马镐《中华古今注》女人帔帛条：“古无其制。开元中诏令，二十七世妇及宝林御女良人，寻常宴参侍令，披画帔帛，至今然矣。至端午日，宫人相传谓之奉圣巾，亦曰续寿巾。续寿巾盖非常参从见之服”。宋高承《事物纪原》说：“秦有帔帛，以彩帛为之……开元中令三妃以下通服之。”实际上帔帛在东晋以前尚未出现，敦煌莫高窟 288 窟北魏壁画女供养人及 285 窟西魏女供养人已有帔帛。但南朝陶俑身上仍未见。中古时鲜卑、契丹、回纥、吐蕃服装均无帔帛。《大唐西域记》卷二说印度有“横腰络腋，横巾右袒”的服饰，莫高窟隋唐时期的菩萨塑像中常能见到，似现代“纱丽”一端搭于肩上，任其下阔部分散拂于腰际者，与帔帛形式也不相同。《旧唐书·波斯传》：“其丈夫……衣不开襟，并有巾帔。多用苏方青白色为之，两边缘以织成锦。妇人亦巾帔裙衫，辫发垂后。”从波斯萨珊王朝银瓶人物画上，所见女装也有帔巾，与唐代帔帛形式略同。又新疆丹丹乌里克出土的早期木版佛画也有帔帛，可知帔帛是通过丝绸之路传入中国的西亚文化，与中国当时服装发展的内因相结合而流行开来的一种“时世妆”的形式。所以唐姚汝能《安禄山事迹》中说：“天宝初贵游士女好衣胡服，胡帽，妇人则簪步摇，衩衣之制度，袖窄小，识者窃怪之，知其戎矣。”敦煌莫高窟 390 窟许多隋代女供养人都有帔帛。唐代除莫高窟壁画之外，从陕西乾县唐中宗神龙二年（706）入葬的永泰公主墓壁画及石椁线刻画宫女图，周昉《簪花仕女图》、张萱《虢国夫人游春图》、唐人《宫乐图》，到莫高窟 98 窟五代于阗王后曹氏像等，都有帔帛，画出了帔帛的各种花色和披戴的方式。唐代诗文中关于帔帛的描写也很多。中国衣料向来以丝绸见长，从战国秦汉到东晋，妇女服装常常做成长袖或飞动的带饰来美化妇女柔美轻盈的身姿。帔帛正是发展了传统服饰艺术以虚代实、以动育静的艺术法则，吸收西域服饰的特点为我所用，使汉民族服饰更加丰富。

（四）半袖

隋唐女子着半臂的习惯与男子相同。但女子的半臂与男子的半臂样式略有不同，女子半臂比男子半臂开领更低，且多为对襟，套在窄袖衫外面。唐后期因衫、襦越来越宽大，半袖套不进去，穿的人就少了。

在西安出土的唐舞女俑，也可见到此种加褶裥袖边的半袖。半袖的造型特点，是抓住衣袖的长短和宽窄处理做审美形式变化的关键，在功能上又能减少多层衣袖厚度带给穿衣人动作上的累赘，它既合乎美学的要求，又合乎功能科学的要求。直到今天，半袖式衣衫仍然是现代服装造型的主要形式。唐代也有将半袖穿在外衣里面的穿法，唐永泰公主墓石椁线雕人物及韦洞石椁线雕人物，衣服肩部都有一种隐约呈现半袖轮廓的装束，就是这种穿法的写照。另外，唐代常有在肥大的礼服袖子中部加缀一道褶裥边的装饰袖，使服装上臂得到强调，这种手法，在现代女装设计中仍得到广泛的运用。

三、胡帽胡服

唐女子平常着装时盛行簪花，所以戴帽冠者较少，但出行时出于对容貌的保护，多用首服。初唐出游时戴，样子犹如今天西北伊斯兰教妇女所戴之盖头。不过隋唐的幕离长可过膝及踝，遮蔽全身。盛唐之后，幕离之风渐息，帷帽大行于世，帷帽既蔽日遮尘又轻便且不影响妇女梳当时流行的高髻，所以，帷帽一时非常流行。直至终唐，帷帽始终是妇女出行的首选。除帷帽之外，唐代妇女中唐以后还流行戴胡帽。顾名思义，胡帽是西域异邦的产物，种类繁多，总体上说来顶比较小，有帽檐但常上翻，有的还缀以毛皮、毡或玉珠，多数绣花。胡帽符合唐妇女求新求奇的审美心态，所以一度也很流行。回鹘是唐代西北地区的少数民族，原称回纥，唐贞元四年（788），回纥可汗请唐改称回鹘。唐代回鹘族人民与汉族人民经济文化交流频繁，回鹘妇女服装及回鹘舞蹈，对唐代宫廷及贵族妇女产生了较大的影响。回鹘装的特点是翻折领连衣窄袖长裙，衣身宽大，下长曳地，腰际束带。翻领及袖口均加纹饰，纹样多凤衔折枝花纹。头梳锥状的回鹘髻，戴珠玉镶嵌的桃形金凤冠，簪钗双插，耳旁及颈部佩戴金玉首饰，脚穿笏头履。甘肃安西榆林窟第 10 窟甬道壁画供养人五代曹议金夫人李氏像、甘肃敦煌莫高窟第 205 窟入口处壁画曹议金夫人供养像、莫高窟第 61 窟北宋女供养人像都有这种回鹘装的具体形象。回鹘装的造型，与现代西方某些大翻领宽松式连衣裙款式相似，是古代综合希腊、波斯与中国文化的产物。

四、女着男装

女装男性化是唐代社会开放的又一种反映。《旧唐书·舆服志》曾说："开元初，从驾宫人骑马者，皆着胡帽靓妆露面无复障蔽，士庶之家又相仿效，帷帽之制绝不行用。俄又露髻驰骋，或有着丈夫衣服靴衫，而尊卑内外斯一贯矣。"《新唐书·车服志》也说："中宗后……宫人从驾皆胡冒（帽）乘马，海内效之，至露髻驰骋，而帷帽亦废，有衣男子衣而靴如奚契丹之服。"这种女装男性化的风尚是受外来影响所致。《洛阳伽蓝记》记载于阗国"其俗妇人袴衫束带乘马驰走，与丈夫无异"。《文献通考·四裔考》记载占城风俗"妇人亦脑后摄髻，无笄梳，其服与拜揖与男子同"。这种异族服饰风情，首先在唐宫廷中仿效，《新唐书·五行志》说唐高宗有一次在宫中宴饮，太平公主穿着紫衫、玉带、皂罗折上巾，腰带上挂着纷砺七事（算袋、刀子、砺石、契苾真、哕厥、针筒、火石袋等七件物品，俗称蹀躞七事），歌舞于帝前。帝与武后笑道，女子不能做武官，为何这般装束？《永乐大典》卷二九七二引《唐语林》记载说，唐武宗的王才人身材高大，与武帝身材相近，一次在苑中射猎，两人穿着同样的衣装南北走马，左右有奏事的，往往误奏于王才人前，帝以之为乐。又《新唐书·李石传》说到禁中有两件金鸟锦袍，是唐玄宗和杨贵妃二人游幸温泉时穿的。这种女穿男装的装束，在唐永泰公主石椁线画、唐韦洞墓石椁线画、唐李贤墓壁画、唐张萱《虢国夫人游春图》、敦煌莫高窟晚唐 17 号窟（发现藏经洞的洞窟）、高僧身后左壁所绘持杖供养女子身上，都有具体的形象。

五、鞋

隋唐妇女的鞋主要有履、靴、屐等。履有高头、小头和平头之分。从质地划分，履又分为草履、锦履和帛履等。履为隋唐妇女日常的登足之物。除履之外，隋唐妇女还穿靴、木屐、皮屐和线鞋等。大致隋与唐前期穿履与靴的多，唐后期至五代则穿鞋的多。

唐宫廷女鞋，官服一般穿"高墙履"，前头高出一长方形鞋头，是南北朝笏头履演化而来，如高出方片是有分段花纹的，称重台履。其次穿软底透空锦鞠靴，与翻领小袖齐膝袄及条纹小口袴配套，可称女装男性化的胡服式样，唐永泰公主墓、章怀太子墓、懿德太子墓、韦顼墓、韦洞墓石刻女侍常有此种打扮。第三种为尖头而略上弯的鞋，似从汉之勾履演变而来。武德间妇女穿履及线靴，开元初有线鞋，大历时有五朵草履子，建中元年进百合草履子。文宗时，吴越织高头草履，内加绫縠，此外还有金薄重台履、平头小花履等。《车服志》记载民间妇女，衣青碧缬，平头小花履、彩帛缦成履及吴越高头履。线鞋在辽宁博物馆有实物，是用麻线编成。新疆也有实物出土。

第四章　宋辽金元服饰

第一节　宋代服饰

一、宋代的社会生活及礼俗

宋代的社会生活已接近近代中国人的生活。唐代的席坐或跪坐为礼，在宋代已不见踪迹，宋人坐时已有用凳、椅、秃子的习惯，双脚垂地的坐已具现代坐式，已不再是失礼的事。宋朝的建筑规格一般比唐朝小，但比唐朝的更为绚丽、绚烂而富于变化，这时重要性建筑门窗多采用菱花隔扇，建筑风格渐趋柔和，出现了各种复杂形式的殿阁楼台。城市规划也不同于唐代，坊墙被拆，居民区由原坊内小街发展成横列的巷（胡同），商业不再局限于东西两市，而是沿城市大街布置。这种街巷制城市布局成为促使宋城市经济文化发展的一个重要因素。

北宋的汴京城中出现了许多固定的娱乐游艺场所，这些被称为瓦子、瓦舍、瓦市、瓦肆、勾栏的场所，除了表演说话、相扑、傀儡戏、杂剧、影戏、诸宫调、舞蕃乐、淡浑话、装鬼神伎艺之外，还有各色小吃摊、酒店、杂货店、卦摊、赌台间居其中，热闹非凡。

宋代出行，早期以乘马为主，少数老弱以乘轿为主，但禁一般人乘轿。宋南渡之后，男女皆以乘轿为主，也有仕女乘轿车。又有独轮车、串车、太平车、平头车等。士大夫出行一般乘驴、骡代步，出游时常带苍头或侍童随从，并携带四方形有盖的照袋。里面贮放纸、墨、笔、砚、韵书等，以便随时赋诗题字之需。

贵族妇女夜间出行，一定要用有彩画的烛笼，烛笼的多寡视地位的高低而定。

宋代士大夫出门时用青缣为扇以障日，扇不用时放置在青色的袋内。南宋时开始流行折叠扇，当时的扇骨以竹、象牙为主，夹以绫罗，饰以金银，精致、美观。其他还有绢扇、纸扇、异色景花扇、团扇等。官员出行则用皂盖蔽日。

宋代高官如封疆大吏，有赐龙、虎、旌节等，受赐者将旌节藏之于公宇或私室内，这种贮旌节的堂屋称之为“节堂”。这种节堂不允许一般人出入。另外，在各级官员的公门边设有门戟之制，戟用木为之而无刃，设架列之，谓之棨戟。

宋代重要节日有春节、元宵、端午、中秋等节日，最隆重的是元宵节的灯节。宋代的灯火极盛，灯品之多前代未有。《武林旧事》称："灯之品极多，每以苏灯为最，圈片大者径三四尺，皆五色琉璃所成。山水人物，花竹翎毛，种种奇妙，俨然差色便面也。其后福州所进，则纯用白玉，晃耀夺目，如清冰玉壶，爽彻心目。近岁新安所进益奇，圈骨悉用琉璃所为，号'无骨冰'。禁中尝令作琉璃灯山，共高五丈，人物皆用机关活动，结大彩楼贮之。"《西湖老人繁胜录》中记载：庆元年间，杭州市全城街巷挂灯，四十里灯光不绝，花灯个个不同，有纸灯、有帛灯，争奇斗艳，连亲王、贵臣家中也扎一些奇巧异样的灯对百姓开放。而且这些灯上都有贵重的装饰，走马灯旋转如飞、羊皮灯镞镂精巧、绢灯玲珑美观。节灯全城欢乐，不分贵贱，男女皆可在这一天出门赏灯。

除赏灯外，南渡之后的宋人还以观钱塘潮，并在江中弄潮为盛事。除此之外，宋人最推崇的体育当推蹴鞠。上至皇帝，下及百姓都成为这一活动的积极参加者。唐代的打马球在宋代继续流行，每年三月在皇宫的大明殿前举办"会鞠"大会，皇帝也亲自出马，比赛以鼓乐击节，气氛非常热烈。相扑，又称角抵、争交，也是宋代的重要体育项目。

宋人相见以立正叉手为礼。遇下级拜见上级，卑见尊等重大场合要行跪拜、罄折诸礼。政和年间以唱喏代替叉手礼，唱喏有出声、不出声之别，无论出声还是不出声，身体动作都当如作揖之意。

作揖时，需要稍迈大步，进前立稳，揖声须曲身，眼看鞋头，犹如今天的鞠躬。虽揖也必须打直膝盖，当低头时使手至膝但不能靠膝，唱喏之后手应随之而起并叉手于胸前。揖尊者，则必须手过膝下，喏毕即随身而起手叉于胸前，这是祗揖的姿态。妇女行礼，宜略低头而曲身，使裙裾拖地，像古时的肃拜。南方妇女行礼时略屈膝缩身，北方则拱手做退状，似要蹲坐于地的样子。因妇女首饰繁多之故，妇女很少行跪拜之礼，即使跪也不叩头。但在重大场合，也是双膝跪地，行肃拜与拜手之礼。

二、宋代男子的一般服饰

宋代男子的一般服饰，是指男子们除朝祭、朝会、公座时所穿的服饰以外的所有服饰，以及庶民百姓日常所穿的服饰。

祭服和丧服是上至皇帝下及平民都要用的。只是平民不能用冕服，也不能用通天冠、远游冠等冠戴。平民的祭服多由平常服饰代替，丧服在民间礼服中比之祭服地位还要重要，但丧服之制自周礼以来无论官民少有变化，所以宋代的凶礼丧服与汉代的丧服并无大的差异。在此不再赘述。

宋代一般庶民所穿戴的服饰分为两大类：一类是低级公职人员平常装束和高级官员私居休闲时的装束，这类装束以乌纱帽、皂衫、束角带、穿靴为代表，另一类是吏、农、工、商所穿戴的服饰。在《东京梦华录》中提到："……其士、农、工、商，诸行百户衣装，各有本色，不敢越外。"归纳起来，宋时的男子常服主要有襦、袄、衫、袍、帽、幞头、巾子等。

（一）襦、袄、袍

这是两宋男子主要的衣服。襦、袄、袍都相似，襦有袖头，其长短一般至膝盖间，有夹的、棉的，都作为衬在里面的衣着。袄近于襦，一般用于燕尾居私处时，襦与袄因区别不大，到后来也就襦袄不分，统称袄了。袍一般较襦要长，有表有里，有宽袖阔身和窄袖紧身两种。袍本意是絮棉且长的襦，所以有时也称长襦，不过发展至后世，此类长襦就通称袍。大体上而言，襦、袄、袍皆为平民的日常穿着。但袄、袍与襦又有所不同，袄和袍因材质和长短不同，既有官员和有地位者穿用的锦袄、锦袍，又有平民百姓穿用的衲袄、衲袍。襦则全然是贫民的日常服装。

（二）衫

宋衫是没有袖头的上衣，一般是春夏季用的单衣，所以单襦也可叫衫。衫有衬在里面做衬衣用的短小的衫，也有做外套用的罩衫。宋时按用途和质地具体可以分为凉衫、紫衫、白衫、毛衫、葛衫，等等。宋衫不特男子服用，女子也可以穿用。宋的紫衫，不唯紫色衫是名，所有深颜色的衫都可称之为“紫衫”。紫衫一般较紧窄，衫裾前后开衩，便于骑马，所以又将此衫视为戎服。宋服中还有一种用于举子、国子生、州县生服用的襕衫。它与唐的加襕袍衫相似，也是在衫的下摆加接一幅横襕，宋襕衫袍因是未仕学子的服装，所以多白色。但这种襕衫已属于袍衫的形式，接近于官定服制，且与大袖常服形式相似，就此也可看出学子在宋朝的社会地位。

（三）帽

宋代文人平时喜爱戴造型高而方正的巾帽，身穿宽博的衣衫，以为高雅。宋人称为“高装巾子”，并且常以著名的文人名字命名，如“东坡巾”“程子巾”“山谷巾”等。也有以寓意命名的，如逍遥巾、高士巾等。《米芾画史》曾说到文士先用紫罗做无顶的头巾，叫作额子，后来中了举人的，用紫纱罗做长顶头巾，以区别于庶人。庶人则由花顶头巾、幅巾发展到逍遥巾。其与东坡巾相似的高装巾子在五代《韩熙载夜宴图》中已经出现，故宫博物院所藏宋人《会昌九老图》，描绘唐会昌年间李元爽、僧如满、胡杲、吉顼、刘爽、郑璩、卢真、张诨、白居易等九位老人在香山相聚的情形，九位老人中，李元爽已 136 岁，白居易最小，也已 74 岁。衣服装束为宋人野老闲居服式，与故宫博物院藏元赵孟頫所画苏轼相册中的巾子衣着相同，巾子为高耸的长方形，戴时棱角对着前额正中，外加一层前面开衩的帽墙，天冷时可以翻下来保暖。苏东坡所穿的就是直裰，领、褾、襈、裾均有宽栏，极为宽博，腰束丝绦，系宋人拟仿古代深衣及相传“逢掖之衣”而成的服装。

一般而言，宋代庶民的帽种类很多，以形状分有大帽、小帽、圆顶帽、盖耳帽、子瞻样罗隐帽；以材料质地分有京纱帽、翠纱帽；以作用分又有席帽、风帽、重戴、笠等。席帽又称大裁帽。能蔽风尘，帽子前面加一幅里纱，有全围与半围之分。形状像唐的帷帽，不过帷在前面而已。其制作材料有草、藤之别。此帽本是乡野山民的首服，后被一般未进士的读书人所喜爱。

（四）重戴

唐俗，本山野村夫的首服，就是在折上巾上再加戴大裁帽的一种戴法。宋初本是御史台诸官的官服，淳化、祥符年以后，推广至低级职官。

（五）笠

因其蔽日遮雨，为一般劳动人民所常戴。一般用青竹篾编成，夹以笋壳或棱等，大致同后世的笠差不多。笠因质地不同可分为毡笠、雨笠（竹笠上加刷桐油以防水）、皮笠等。

（六）巾子

用布帛裹头的习俗，北周时已有，至五代及宋，巾之屋加高，并有各种式样和名称，如东坡巾、峪巾、云巾、软巾、唐巾、幅巾、仙桃巾、双桃巾、葛绖、华阳绖、错摺样，等等。其中仙桃巾、双桃巾是宋代的突出巾式。戴巾也成为宋儒生的一种时尚。

（七）鞋

宋代的鞋比履小而浅，有草鞋、布鞋、棱鞋，都为一般劳动人民所穿用，不过士大夫在休闲时也常穿鞋。除鞋之外，日常宋人还穿靴、木屐。尤其是南宋人士，多着木屐行走。宋人穿鞋、靴、屐时还要着足衣。足衣即袜，宋袜有长筒和短筒之分。宋还有一种适合穿着厚底鞋、靴的无底袜。在室内可着软底鞋、无底袜，既保温又可体现节俭的宗旨。

最后，宋代男子常服中值得一提的还有体现两宋时尚的直掇、道衣、鹤氅和短后衣，前三种宽大后一种怪异。

直裰，长衣而背之中缝直通下裾，所以叫直裰也叫直身。道衣在这里不特指道士之服，而是斜领交裾，四周缘以里布的茶褐色袍。鹤氅本是鸟羽拈织的贵重羽衣裘服，此服极兴盛于晋及南朝，而宋代的鹤氅取其袖，身宽大且长可曳地，是可披穿的一种袍，质地也不再非鸟羽不可。这些服装的流行与两宋时读书人优渥的生活条件与困顿的精神生活分不开。两宋读书入仕者在极权统治中争竞一职的倾轧使得两宋的士追求逃逸在宗教中的暂时解脱，这就是直裰、道衣和鹤氅流行的心理基础。

短后衣前裾长而后裾短，属少年轻狂的时髦服装，多为年轻人穿着，士大夫之家以着此服为耻。在理学兴盛的宋代有此种装束，也可见年轻人离经叛道的热情历代相似。

三、宋代女子的服饰

宋代女服有礼服、常服之别。

（一）宋代妇女的礼服

据《宋史·舆服志》《文献通考》等著作的记载，宋代妇女的礼服自皇后、妃以下各内外命妇的礼服主要有袆衣、褕翟、鞠衣、朱衣、礼衣（钿钗礼衣）五种。首服有九龙四凤冠、龙凤珠翠冠、九翠四凤冠、花钗冠四种。宋代命妇随男子官服而厘分等级，各内外命妇有袆衣、褕翟、鞠衣、朱衣、钿钗礼衣和常服。皇后受册、朝谒景灵宫、朝会及诸大事服袆衣。妃及皇太子妃受册、朝会服褕翟。皇后亲蚕服鞠衣。命妇朝谒皇帝及垂辇服朱衣。宴见宾客服钿钗礼衣。命妇服除皇后袆衣戴九龙四凤冠，冠有大小花枝各 12 枝，并加左右各二博鬓（冠旁左右如两叶状的饰物，后世谓之掩鬓）、青罗绣翟（文雉）12 等（十二重行）外。宋徽宗政和年间（1111—1117）规定命妇首饰为花钗冠，冠有两博鬓加宝钿饰，服翟衣，青罗绣为翟，编次之于衣裳。一品花钗 9 株，宝钿数同花数，绣翟 9 等；二品花钗 8 株，翟 8 等；三品花钗 7 株，翟 7 等；四品花钗 6 株，翟 6 等；五品花钗 5 株，翟 5 等，翟衣内衬素纱中单，黼领，朱褾（袖）、襈（衣缘），通用罗縠，蔽膝同裳色，以緅（深红光青色）为缘加绣纹重翟。大带、革带、青袜舄，加佩绶，受册、从蚕典礼时服之。

内外命妇的常服均为真红大袖衣，以红生色花（写生形的花）罗为领，红罗长裙。红霞帔，药玉（玻璃料器）为坠子。红罗背子，黄、红纱衫，白纱裆裤，服黄色裙，粉红色纱短衫。

（二）宋代妇女的常服

宋代妇女的常服分两类：一类是命妇之官常服，另一类是命妇宴居，以及普通庶民女子所服的日常生活服。命妇之官常服为真红大袖衣，以红罗生色为领，红罗长裙，红霞帔，药玉为坠子，红罗背子，黄、红纱衫，白纱裆裤，服黄色裙，粉红色纱短衫。此种服饰中霞帔为宋女服中不同于前代的特殊配件。霞帔，通常前后两条，上有鸟禽绣文，皇后用龙凤，其他命妇绣文按品级而定。前垂三尺有余，前后两条相合处有玉坠装饰，后垂较短，并藏在兜子之内。

命妇宴居、私处与庶民女子的常服较之命妇的官常服要丰富多彩一些。大多上身穿袄、襦、衫、褙子、半臂等，下身则束裙、穿裤，为当时最普通的装束。宋代妇女一般不穿袍，仅在宫廷歌乐女子中间，于宴舞歌乐中穿之。

其中襦、袄、衫的形式大体与男装中讲过的襦、袄、衫相同，只是在细节方面略有不同。女子的襦、袄、衫一般较男子短小些，可用紧、窄、长、奇来形容宋女子的襦、袄、衫。女子的衫、襦不可用白色、褐色、淡褐色的颜色，以红、紫为主，黄次之，用料质地较男子轻薄、鲜艳，质地有锦、罗或加刺绣。常与裙子相配套。

褙子、半臂、背心、两裆，这四种服饰有相似之处，严格来讲也绝非女子特有的服饰，在宋代是属男女通服的服饰（为表述方便，现将它们放在女服一栏），其中以褙子的变化最多。

1. 褙子

又名绰子，宋代男子、女子皆着褙子，但男子一般把褙子当作便服或衬在礼服里面的衣服来穿。而妇女则可以当作仅次于大礼服的常礼服来穿。褙子虽则是隋唐时期就已流行的服装，但隋唐时期的褙子袖子是半截的，衣身不长。宋代的褙子则为长袖，长衣身，腋下开胯，即衣服前后襟不缝合，而在腋下和背后缀有带子的样式。这腋下的双带本来可以把前后两片衣襟系住，可是宋代的褙子并不用它系结，而是垂挂着做装饰用，意义是模仿古代中单（内衣）交代的形式，表示“好古存旧”。

穿褙子时，只在腰间用勒帛系住。关于褙子的名称，宋代还有一种说法，认为褙子本是婢妾之服，因为婢妾一般都侍立于主妇的背后，故称褙子。有身份的主妇则穿大袖衣。婢妾穿腋下开胯的衣服，行走也较方便。宋代女子所穿褙子，初期短小，后来加长，发展为袖大于衫、长与裙齐的标准格式。

宋代的褙子种类繁多，以领式分有交领、盘领、直领之别，其中以直领对襟最常见。着褙子的男性上至皇帝、官吏、士人，下至商人、仪卫诸人，着褙子的女性有后妃、公主、家庭妇女、媒婆、女妓、教坊女子等，可见三教九流诸色人等普遍着褙子。不过男子的褙子与女服的褙子除上文提到的一些细节差异之外，还以男装的褙子领式较多，这与男子将褙子穿在内里做衬衣有关，为与所衬之公服、朝服相配，所以男子的褙子领式多与公服、朝服的领式相同。而女子穿褙子是将褙子做常服罩在衫、袄之外，连命妇的礼服中都有褙子的地位。

2. 半臂

宋代男子在非正式场合穿着，女子可做日常常服，形制似褙子，但袖极短或口乎缺袖。有学者认为褙子乃半臂加长袖子得来。

3. 背心与两裆

在宋代对于半臂的缺袖者称为背心。两裆是与两裆甲形制相似的两裆衫，在前朝已述，在此不再赘述。宋两裆一般长度在腰际，如长度过腰而下的话，就成背心了。宋代妇女常在腰间围一条围腰，色彩以鹅黄为尚，称“腰上黄”。形式与男武士所着捍腰有相近之处。

4. 裤

宋代由于家具的发展，太师椅、椅子、凳子、梳妆台等的使用，人们从过去坐席、坐榻演变到垂足而坐，出门则由乘马、乘轿发展到乘牛车、独轮车、串车、太平车、平头车，轿子也由大轿发展到不垂帘幕的小轿，生活的节奏比以往更快了，在服装款式方面的反映便是裤子造型的改变。古代裤子没有裤裆，有裆的是小短裤叫作裈，这两种裤按封建伦理观念女子是不能穿了露在外面的。宋代上层社会的妇女穿裤子，外面要用长裙掩盖，福州南宋黄昇墓出土裤脚外侧缝不加缝缀的开片裤，就是穿在长裙里面的裤子。在宋代只有下等的妓女穿衫子，着有裆裤而不系裙，这是裤子在使用功能上的一大进步，却不被主流社会认可。宋代妇女的裤多为有裆裤，一般不得露在外面，裤外必须加束裙才不失礼。裙一般长至足面，劳动妇女的裙要短一些。在宋代着有裆裤而不着裙的情形，实为大胆而充满挑逗的行为，非良家女所能为。

5. 裙

宋代裙子有 6 幅、8 幅、12 幅。多褶裥，福州南宋黄昇墓曾出土一件褶裙，6 幅除两侧 2 幅不打褶外，其余 4 幅每幅打 15 褶，共 60 褶。宋代还有一种前后开胯的裙式，称为旋裙。裙子的纹饰，或作彩绘，或作染缬，或作销金刺绣，或缀珍珠为饰。色彩以郁金香根染的黄色为贵，红色则为歌舞伎乐所穿，以石榴裙最为鲜丽，多为诗人吟诵。青、绿色裙多为老年妇女或农村妇女所穿。

6. 膝裤、袜

膝裤是穿着于胫部的足衣，用以保护大肢，袜在宋代多以罗绫制作，且足尖上翘。“一钩罗袜素蟾弯”，即形容女子着袜的情形。

7. 鞋、履、靴

宋代有地位的妇女已经实行缠足，使妇女生理形态畸形化，这是封建社会审美心理的异化现象。当时的女鞋小而尖翘，以红帮做鞋面，鞋尖往往做成凤头的样子。宋代妇女的袜与鞋一样，袜头尖翘，鞋帮、袜面上绣纹，劳动妇女则穿平头、圆头朴实的鞋，宋妇女的鞋以红、青色为上品，红鞋尤其受妇女的欢迎。南方劳动妇女因下地耕作而不缠足，穿平头、圆头鞋或蒲草鞋。

《老学庵笔记》中记载，宣和末年宋妇女中还流行一种叫“错到底”的鞋，这种鞋自鞋底至鞋尖用二色合成，故名。宋宫人有穿靴的记载。靴也以锦靴、红靴为上品，式样与男靴相同。

（三）宋代女子的首饰

宋代妇女的首饰可分为两大类：一种是可以戴在头上的冠子；另一种是把发髻梳成各种式样而在发髻上插以各种金玉珠翠的首饰。

宋代妇女的冠子有白角冠、珠冠、团冠、高冠、花冠、垂肩、亸肩等。宋初普通的冠子就是用漆纱做胎，加插金银珠翠、彩色妆花而成的，既简朴也无定制。到仁宗时，开始在宫里流行白角质冠加插白角梳，这种冠做得很高大，大的高可达 3 尺，宽与肩同齐，插梳也长 1 尺。仁宗之后，白角又被鱼骨代替，白角的插梳也被象牙或玳瑁制的梳子所代替，奢侈之风可见一斑。珠冠。顾名思义，就是用珍珠装缀于冠上或者缀于簪、钗、花钿间。宋代贵族妇女用珠为冠或做首饰的情况较为普遍。宋代婚嫁时，女家一定要准备翠团冠、珠翠饰髻等。用珠饰冠、饰簪、饰髻的更是不胜枚举。不过宋妇女爱珠饰，倒也不在乎珠的大小，大珠固然珍贵，小珠也颇受喜爱。真正是爱珠至极。团冠与亸肩。宋代的团冠，一般用镀金银的黄铜丝或鹿胎革或玳瑁做胎，再在其上缠缀彩罗，使其成圆丘形，并在四方攒出尖角，尖角随流行时尚而短长，最长的可达 2~3 尺长，登车坐轿都不方便。亸肩就是团冠四角皆长至垂肩的意思。在时尚的变化过程中，既有以竹为胎，上刷绿漆的简易团冠，也有以金银为托，上缀珠玉的奢华团冠。高冠，宋代妇女沿袭五代之风气，仍喜戴高冠子。花冠，宋代男女均喜以花为头饰，无论宫廷贵妇，还是民间妇女皆以花为饰。《老学庵笔记》中记载：“靖康初京师织帛及妇人首饰衣服皆备四时，如节物则春播、灯球、竞渡、艾虎、云丹之类；花则桃杏、荷花、菊花、梅花并为一景，谓之一年景。”到南宋时，临安民间男女婚嫁，在成亲前，男方向女方赠送的聘礼中，必不可少花髻（冠），时谓“催妆髻”，而且男子婚礼时也会在自己的幞头口插花，广义讲这也是花冠的一种。

（四）发饰

宋代妇女的发髻式样不及唐代丰富，但也很有特色，典型的髻式有朝天髻、同心髻、大盘髻、心盘髻、高髻、朝天髻、芭蕉髻、包髻、三丫髻、丫髻，等等。且宋妇女对额发、鬓发的修饰也很重视，崇宁间流行大髻方额，到宣和年间又流行尖巧额。发髻上的装饰有各种金、玉、珠、翠做成的鸾凤、花枝和各式的簪、钗、篦、梳等。鲜花中白茉莉、桃、菊、梅都深受妇女喜爱，翡翠鸟的羽毛也颇受欢迎，除此之外，为使高髻显得真正高大，还用她人剪下的头发加添在自己的头发里，做成“髲髢”装戴。

宋代的发饰考古出土的实物相对比较少，其中著名的有银梳玉钗、镀金银钗和琉璃簪。

江西彭泽北宋易氏墓曾出土半月形卷草狮子纹浮雕花银梳，主花上下另有繁缛的边饰陪衬，下层由花瓣纹连接成花边，与梳齿相连接，精工富丽，依然保持唐代风格。从敦煌莫高窟98窟北宋初期壁画供养人的装扮来看，河西地区贵族妇女头上盛插花钗梳篦，佩戴珠宝项链的风气，甚至比唐、五代更盛。

1974年在北京市房山县长沟峪北宋石椁墓出土玉双股钗一件，长15厘米，宽1.7厘米，从弯钩形的钗头分叉成为两股相并，钗尾逐渐收细，末端圆钝。江西德安南宋周氏墓出土镀金银钗数件，有钗头分双股浮雕花的，有素面无纹的。

玻璃簪：湖南省长沙市出土一支长7.9厘米，簪头呈钉帽形，头径1.2厘米的南宋玻璃簪，通体透明。

金簪：浙江永嘉北宋遗址出土一支镂花金簪，簪头呈扁橄榄形，上有高浮雕穿花戏珠龙纹，下衬镂空卷草纹地，簪尾收细呈尖锥形，制作极为精美。

银簪：江西德安南宋周氏墓出土的银钗，有的在簪头雕镂花饰或镶嵌宝石，有的素面无纹。福州南宋黄昇墓曾经出土鎏金顶部空心雕花银钗三件（长9.9~16.8厘米），出土时插于发髻上。

（五）面饰

宋代妇女承袭唐五代遗风，仍好用花钿、面靥来妆饰自己的脸。宋代妇女用极薄的金属片和彩纸剪成各种小花、小鸟、小鸭的形状，用乳胶粘于脸上。淳化年间，京师的市井妇女喜用黑光纸做成圆团贴在脸上，也有用鱼鳃中小骨来装饰面颊的，称为“鱼媚子”。宋仁宗之后，从宫里传出“寿阳落梅妆”，在额间贴珠花钿。

在北宋后期，因与北方女真族接触的机会增多，妇女中开始流行“女真妆”，束发垂脑，浅淡妆饰，穿紧窄衫，戴貍帽。后此风随北宋的灭亡而渐逝。因为南渡的宋人已不再将化妆视为时尚，夹杂了民族感情的妆饰，就不单纯是时尚问题而是民族气节、政治态度的问题。

北宋妇女无论服装还是妆饰较之隋唐都要简朴一些。这和当时的国家命运有关。

（六）耳饰

1972 年 3 月在江西省彭泽县湖西村北宋易氏墓出土浮雕纹金耳环一对，环下连接月牙形装饰，上有浮雕菊花纹，以菊花为中心，枝叶向左右两方铺展，工艺精美。

（七）颈饰

出土宋代项饰中，有两件金项链坠，极为精美。

1. 胆形金坠

1980 年 2 月，在南京市幕府山北宋墓出土的一件胆形金坠，高 8.5 厘米，宽 5.7 厘米，坠身镂雕繁美的鸂鶒穿花纹，周边有卷草纹边围绕，顶端如意头中央有穿孔可与链条相接，工技精湛。

2. 娃娃形金坠

1974 年 1 月，在浙江省衢州市郊瓜园村史绳组墓出土一件俯地爬行的金娃娃，娃娃面容丰满，神情欢快，前伸的右手中紧握一个活动的方环，可与项链相接，设计制作极为精巧。

（八）腕饰

1972 年 3 月江西省彭泽县湖西村北宋易氏墓出土银镯一对，直径 6.9 厘米，镯身扁宽，向两端收细，镯面正中间以双道突线纹为饰，与两边的突起边线相呼应，简洁大方。两端相接处留有缺口，可以调节松紧。

第二节　辽金服饰

一、辽的服饰

（一）辽的社会生活与礼俗

辽因居东北地区，气候秋冬酷寒，盛夏酷热，所以四时逐水草而居，因此四时各有“行在”，称之为“捺钵”。春捺钵的内容是纵鹰鹘捕鹅，群臣献酒举乐，皆插鹅毛于首以为乐；夏捺钵为纳凉之地；秋捺钵为秋猎的地方；冬捺钵是与南北大臣议事并出外校猎的地方。除四时捺钵制之外，契丹男子喜尚骑马、相扑、马球、射箭。且每年三月三日，刻木做兔子，分队跑马射击，以此赛箭术。契丹女子也骑马，载重物时用大车。

契丹人居帐篷，相见时，双手交于胸前，不出声，就算作揖，男女相拜也如此，行跪拜礼时，一足跪、另一足着地，以手动为节、三、四拜为大礼。

（二）辽的服饰

辽是耶律阿保机建立的契丹族政权，地处东北，自阿保机建国至天祚帝被金所灭，历时 200 余年。契丹族本无服制，至太宗耶律德光继位后，得燕云十六州，将当时后晋的文物、铠仗等归于辽，所以辽的衣冠制度，既有他本族的服制，又采用汉族的服饰。辽主与南班汉官用汉服，太后与北班契丹官员用契丹服。此处的汉服即五代后晋的遗制。自重熙以后，凡大礼无论南北面官皆改用汉服。

祭服。辽国的汉服继承五代后晋的遗制，祭服大祀戴金文金冠，白绫袍，红带悬鱼，错络缝乌靴。小祀戴硬帽，红缂丝龟文袍。

朝服。朝服又称国服，实里薛衮冠，络缝红袍，束有饰的犀玉带，着错络缝靴，以后又改用锦袍金带。朝服以红虎皮做靴者为最贵（红虎即貘）。

公服。公服又称展裹着紫。辽主用紫皂幅巾，紫窄袍，玉束带，或红袄。

常服。常服分官常服与民常服，官常服又叫盘裹。绿衣窄袖袍，其中单多用红绿色，贵者披貂裘，貂以紫黑色为贵，青次之，贱者服貂毛、羊、鼠、沙狐裘。民常服男女通服，上穿垂膝长袍，袍外围“捍腰”即在腰间用一革带相围，腰带有弓、剑、帉帨、算囊、刀砺等蹀躞。男女下着套裤，裤脚塞入靴内。髡发以巾、裘帽为主。

士兵皆髡发露顶左衽。契丹及其从属部落百姓也只能髡发，有钱人想戴巾子，需向政府缴纳大量钱财。

辽常服中还有一种名叫“贾哈”的围肩，形如箕，两端呈尖锐状，以锦貂为之，清代的披领无疑是女真人受契丹人影响的结果。

《辽史》记载东北契丹人男子髡顶、垂发于耳畔，近年来东北库伦、河北宣化、张家口等辽墓，均出土契丹人壁画，可与传世《卓歇图》对照。库伦一号辽墓和二号辽墓壁画，发现垂发有一些形式变化，有在左右两耳前上侧单留一撮垂发的，有在左右两耳后上侧留一垂发，两侧垂发与前额所留短发连成一片的，有在左右两耳前上侧留一撮垂发与前额所留短发连成一片的，有在左右两耳前后上侧各留一撮垂发，顶与前额均不留发的。所垂均为散发。我国东北地区的女真族、西北的回鹘族和吐蕃族男子也都有髡发的风俗，但只有契丹族男子垂散发，回鹘、吐蕃、女真男子都垂辫发。到元代蒙古族男子也髡发，却是在前额留一块桃子式的发结成辫发，并在一只耳朵上戴耳环。

辽国契丹服装对汉民族也产生了影响。北宋时，京师洛阳士庶，也有许多人穿契丹服，由于辽宋对敌，故宋庆历八年和天圣三年都曾下令禁止穿契丹服，士庶不得穿黑褐地白花衣服及蓝、黄、紫地撮晕花样，妇女不得穿铜绿、兔褐之类，不得将白色、褐色毛段、淡褐色匹帛做衣服，并禁穿吊敦（袜裤）。北宋末年洪皓出使东北，著《松漠纪闻》记载其在东北时的见闻，在补遗中讲到辽金纺织品中，耀段（缎）：褐色，泾段白色，生丝为经，羊毛为纬，好看而不耐穿。丰段：有白有褐，质量最好。驼毛段：有褐有白，出河西用秋毛织造的，不蛀。冬间的落毛，选去粗者，取其茸毛，都用关西羊。毛织品中还有褐黑丝、褐里丝、门得丝、帕里呵等名称，从西夏国运输到辽国作为衣料。

契丹人的服装形式，可参看北京故宫博物院藏辽后期清宁年间蓟门人程汲之作的《便桥会盟图》（此图描绘唐太宗单骑会见突厥君长故事）及契丹著名画家胡瓌所作《卓歇图》长卷，描绘契丹君臣出行狩猎，放养猎鹰“海东青”出击白天鹅，以及在海泺子射猎、归来宿营等故事情节，侍从武卫执哥舒棒卓立守护，故名《卓歇图》。此外库伦、宣化、张家口、赤峰宝山、辽宁昭乌达盟等地辽墓壁画也提供了具体的契丹族着装形象。

（三）辽女子服饰

辽国皇后的契丹服，祭祀戴红帕，穿络缝红袍，悬玉佩和双同心帕。络缝乌靴。妇女上穿黑、紫、绀诸色直领对襟，或左衽团衫，前长拂地，后长曳地尺余，双垂红黄带，束高髻、双髻或螺髻，面涂黄妆。未出嫁时髡首。皇后常服有紫金百凤衫，杏黄金缕裙，红凤花靴，梳百宝花髻。辽宁法库叶茂台曾出土辽代棕黄罗绣棉袍，领绣双龙，肩、腹、腰分绣簪花羽人骑凤及桃花岛蝶纹。女裙多穿于长袍之内。辽妇人之服，上衣叫团衫，颜色用黑、紫、绀诸色，服式做直领或左衽前指地，后长可曳地尺余，双垂红黄带。由于天寒，一般无论寒暑，为系棉裙，裙子常做大檐式。年轻女子在家髡发，到出嫁时才蓄发。妇人常以黄颜料涂面，叫佛妆，北宋末“时世妆”即仿契丹妇女的服装。

（四）军戎服饰

辽主阿保机有镀金铁甲，镀银铁甲，并常服貂帽裘衷甲。辽军精锐鹞军，即身被铁甲。可见辽军以铁甲为军戎常甲。辽军抽发兵马粮划用牌，有镀金银牌，方響形，上刻契丹文“宣速”二字。使者执牌驰马，日行数百里，见牌如见辽主，持牌者也称“银牌天使”，还有类似于鱼符的长牌，木刻子牌长一尺二寸。长牌上刻字，用时挂于使者项间，用以取物；挂于腰间，以验明正身。

二、金的服饰

金自太祖建国至哀宗之国（1117~1234年），共117年。金原名女真，后避辽讳改为女真，臣服于辽二百多年，但金因实行生焚（火葬）所以保留下来的传世文物较少，给服饰史的研究带来一定困难。

（一）金人的社会生活及礼俗

金人建族初期，还处于原始部落时期，无礼制，无社会组织。遇宴饮无贵贱长幼围坐而饮，饮酒至酣则起而歌舞，遇事则聚族环坐，画灰议事。以后遂受汉、辽之制的影响，始有拜天之礼，祭毕天之后即举行射箭比赛，赛毕宴乐。女真人相见，先袖手微俯身，稍复却，乃跪左膝，左右摇时若舞蹈状，即拱手退身如宋人之做喏状。还有跪左膝，蹲右膝，拱手摇肘以三拜为止的大礼。在燕宴时，有彼此互赠衣帛的礼数。

女真人与辽人不同，有固定的居室，在室中起炕，寒冬生火于其下，炕上铺厚毡褥或皮毛，一家饮食起居皆于炕上，客人进室也活动于炕上。今日东北农村冬日还有一些遗迹。炕在女真人的婚礼中也扮演了一个很重要的角色，在婿家向妇家求婚时，妇家不论大小皆坐于炕上，而婿家之人则罗拜于其下，这种礼俗叫“男下女礼”。礼毕之后，交聘礼，以马为多，少则十匹，多者可达百匹。女方纳礼，婚礼即成。

（二）金男子的服饰

金国原为女真族，附属于辽，自金太祖（完颜阿骨打）收国元年（公元 1115 年，宋徽宗政和五年）建国为金，至末帝（完颜承麟）天兴三年（公元 1234 年，南宋理宗端平元年）灭亡，先后近 120 年。金人死后实行火葬，在北京、辽宁、内蒙古、黑龙江等地出土金代墓葬均有火焚迹象，故金国遗存服饰实物极少。自从女真人进入燕地，模仿辽国分南、北官制，开始注重服饰礼仪制度。后进入黄河流域，开始吸收宋代冠服制度。皇帝冕服、通天冠、绛纱袍，皇太子远游冠，百官朝服、冠服，包括貂蝉笼巾、七梁冠、六梁冠、四梁冠、三梁冠、监察御史獬豸冠，大体与宋制相同。公服五品以上服紫、六品七品服绯、八品九品服绿，款式为盘领横襕袍。文官佩金银鱼袋。金之卫士、仪仗戴幞头，形式有双凤幞头、间金花交脚幞头、金花幞头、拳脚幞头、素幞头等。《大金国志》载："金俗好衣白，辫发垂肩，与契丹异。垂金环，留颅发系以色丝，富人用金珠饰。妇人辫发盘髻，亦无冠。自灭辽侵宋，渐有文饰，妇人或裹逍遥巾，或裹头巾，随其所好。至于衣服，尚如旧俗。土产无蚕桑，唯多织布，贵贱以布之粗细为别。又以化外不毛之地，非皮不可御寒，所以贫富皆服之。富人春夏多以纻丝、锦衲为衫裳。亦间用细皮、布。秋冬以貂鼠、狐貉或羔皮，或作纻丝绸绢。贫者春秋并衣衫裳，秋冬亦衣牛、马、猫、犬、獐、鹿、麋皮为衫。裤、袜皆以皮。至妇人衣曰大袄子，不领，如男子道服。裳曰锦裙，裙去左右各阙二尺许，以铁条为圈，裹以绣帛，上以单裙袭之。"

《金史・舆服志》所记略有出入，说"金人常服为四带巾，盘领衣，乌皮靴"。他们的束带叫作"陶罕"。巾之制，以皂罗和纱为之，上结方顶，折垂于后顶的下面，两角各缀方罗，径二寸许，方罗之下各附带，长六七寸。在横额之上，或做成一个缩褶裥做装饰。显贵者于方顶部沿着十字缝饰以珠，其中必有大珠，谓之顶珠。带旁各垂络珠结绶，长度为带的二分之一。

官服的款式为窄袖、盘领、缝腋，即腋下不缝合，前后襟连接处做褶裥而不缺胯。在胸膺间或肩袖上饰以金绣。金世宗时曾按官职尊卑定花朵大小，三品以上花大五寸，六品以上三寸，小官则穿芝麻罗。花纹内容，春水之服绣鹘捕鹅，杂以花卉。秋山之服以熊鹿山林为内容。衣长至中骭（小腿胫骨间），便于骑马。腰带镶玉的为上等，金次之，犀角象骨又次之。一品束玉带，二品笏头球文金带，三、四品荔枝或御仙花带，五品乌犀带。武官一、二品玉带，三、四品金带，五、六、七品乌犀带。腰带周围满饰带版，小的间置于前，大的置于后身，左右有双鉈尾，带板的装饰多雕琢春水秋山等纹样。带上挂牌子、刀子及杂用品三至五件。

金人男子其发式皆剃顶发，留颅后或颅两侧侧发，留发系以有色丝条，辫发垂肩。式样与契丹人的髡发不同。金人入主中原后，也曾逼迫北宋臣民照金俗髡发，并于天会年间下令三不如式者死罪，不从死者不在少数，后至海陵时（1149—1160）削发令弛禁。

金人髡发，官属们平常起居时，也用冠、裹巾，所用冠有羊裘、狼皮、鞑帽、貂帽等，所裹巾叫方顶巾，辽人称其为蹋鸱，但北地之民多科头。

金主平时也只服皂杂服，与土民相同。

金人的这些服饰习俗，在进入中原以后，吸收宋官服中的法物、仪仗等，一律改过去质朴的风气，在天眷、皇统年间详细制定了百官的朝服，依宋朝的制度制定了祭服、朝服、官品服色制等。这时金国主一般视朝用纯纱幞头、紫窄袍、玉带。一般官员用盘领、窄袖袍，长至小腿间，首裹四带巾，巾顶中加顶珠，足登乌皮靴。

值得注意的是金世宗所制定的公服。在金之前，官服区别等级是以冠梁服色、章服的内容组合成套来完成的，世宗所制定的公服却是以花的类型和花径的长度作为区分的标志。这在中国古代官服史上独具一格，丰富了中国古代服饰史的内容。

（三）金女子的服饰

金朝后妃及命妇的礼服，大体上是仿宋制而定。皇后冠服与宋相仿，有九龙四凤冠、袆衣、腰带、蔽膝、大绶、小绶、玉佩、青罗舄等。贵族命妇披云肩。五品以上母妻许披霞帔。嫔妃从服云纱帽，紫四癸衫，束带，绿靴。有九龙四凤冠、袆衣、俞翟服等。五品官以上的母妻也许配披露帔、云肩，只是不能用日、月、凤、龙等纹样。

《金史・舆服志》记载，女真女子喜穿遍绣全枝花的黑紫色六裥襜裙，襜裙就是前引《大金国志》所说用铁条圈架为衬，使裙摆扩张蓬起的裙子，虽与欧洲中世纪贵妇所穿铁甲裙支衬的部位不同，但可以想见是很华丽的。上衣喜穿黑紫、皂色、绀色直领左衽的团衫，前长拂地，后长拖地尺余，腰束红绿色带。许嫁女子穿褙子（称为绰子），对襟彩领，前长拂地，后拖地五寸，用红、褐等色片金锦制作。头上多辫发盘髻。侵入宋地后，有裹逍遥巾的，即以黑纱笼髻，上缀五钿，年老者为多。冬戴羔皮帽。冬季贫富都穿皮毛，衣帽裤袜皆皮。富贵者衣料有纻丝、纳锦、绸、绢等。

一般妇女普通服饰是上衣团衫，直领或交领左衽袍衫在掖缝处做双折裥。前长拖地，后裾曳地有尺余，都极为宽大。还仿辽制在袍衫外束詹裙。裙一般用六个折裥，上面普遍施绣。因金所处东北冬日酷寒，所以，妇女的服装也常以皮革制作，衫裤都有用皮的记载，与男子服装相同。

金妇女多辫发盘髻，自入主关内之后，也学汉辽习俗，用巾裹头。年老妇女还以黑纱笼髻，上加缀玉钿，称为“玉逍遥”。但一般庶民妇女首饰不允许用珠翠钿子，翠毛除装饰花环冠子外，即使纺织品也被禁用。

宋沦陷于金的妇女，服饰多保留北宋的习惯。

（四）军戎服饰

金人最初的甲装来自辽人叛逃者所带去的500多件铁甲。所以金人的甲胄受辽甲影响较大，一般也为铁甲。甲式命名以联甲块的丝条的颜色而定，有红茸甲、碧茸甲、紫茸甲、黄茸甲等名目。马也有甲胄，称马具装。

金人甲胄虽渊源于辽，但金甲更加强了对头部的保护，头盔极为坚固，只露双目。

除甲胄外，日常军士们还穿着有丝制的战袍。戴幞头，穿窄袖衫袍，腰系金或银镀金束带，上悬束带，上悬弓矢，很是威风。

第三节　元代服饰

一、元的社会风俗与礼仪

元为蒙古人所建，蒙人属游牧民族，逐水草而居。行则骑马、骆驼，重物载牛车，在车上还置室，长途可以坐卧，称为帐舆。定则称定营，在定营地建账而居，帐又称穹庐（俗称蒙古包）。蒙古人的帐有两种，一种是流行于燕京的帐，用柳木为骨，苍穹顶像伞骨式，可收放，面前开门，顶部设窗，用毡做外墙，搬家时，可收帐而行。另一种是流行于草地的帐，一般用柳木编成圈，设桩固定在地上，也用毡做外墙，但此种帐不可拆卸。蒙古人的饮食大致有三类：粮食、奶食和肉食。奶食俗称白食，由白油、黄油、奶皮子、奶豆腐、奶酪等组成；肉食又称为红食，以羊、牛肉为主。

蒙古人在饮食时多礼。不仅饮食多礼，蒙古人像所有游牧族一样，重拜天之礼，国有大事，要免冠解带跪祷于天。在日常生活中，蒙古人相见拥抱为礼，左跪为拜，见尊贵则膜拜，以脱帽为敬礼。

蒙古人自入主中原以后，在1271年制定朝仪，朝会礼仪仿汉旧制，服饰仿唐宋旧制。蒙古人入主中原后生活习俗也产生了一系列的变化，由私密性极强的蒙古包搬入皇宫大殿与居民房屋，出于对私密性的保护，蒙古人独具匠心，一般在窗棂间用油纸剪贴成花草人物样粘贴，由室内往外看则无微不见，自外向内张望则不见其家具体情形。今日的窗花即源于此。在皇宫内，蒙古族皇帝把蒙古包也搬进了大殿，冬天用皮帐，夏天用黄油绢幕。内寝之地也层层设障帷幄重幕。地板的装饰同蒙古包，用席上加黄厚毡，毡上再铺茸单或金锦。汉人铺地毯就源自此举。

蒙古人的丧葬习俗也很特殊，他们有无墓不起坟的习惯，上至成吉思汗下至庶民，选好葬地之后，不用棺椁，薄葬，葬毕用马将葬地踏平，然后植树，所以元蒙很少有出土文物。这给研究这段历史带来了一定的困难。

二、元男子的服饰

蒙古族的衣冠以头戴帽笠为主，穿质孙服，或称只孙、济逊。汉译作一色衣，形制是上衣下裳相连，衣式紧窄，下裳较短，腰间打许多褶裥，称为襞积，肩背间贯有大珠，这本来是便于骑马的戎服，明代皇帝外出乘马时所穿的“曳撒”，就是把质孙服衣身放松加长改制的服装。

元代冠服制度于英宗时厘定，但因元代官制、三公不常设，丞相人数不定，官员因事而设，事完官职就告结束，所以衣制并不确定。一品服是右衽，戴舒脚幞头，紫罗服，上有大独科花（大团花），直径五寸，束玉带；二品紫罗服，小独科花，径三寸，束花犀带；三品紫罗服，散答花（写生散排花纹），径二寸，束花犀带；三品紫罗服，散答花（写生散排花纹），径二寸，束荔枝金带；四、五品紫罗服，小杂花，径一寸半，束乌犀带；六、七品绯罗服，小杂花，径一寸半，束乌犀带；八、九品明绿色无纹罗服，束乌犀带。

元代皇室的帽子镶宝石。《南村辍耕录》卷七回族石条说，大德年间，有商人卖官府一块重一两三钱的红剌（宝石叫作剌子，又叫回回石头），价值中统钞十四万锭。红剌即红宝石，红宝石有四种，即剌、避者达、昔剌泥、古木兰。绿宝石有三种，即助把避、助木剌、撒卜泥。猫睛石有猫睛、走水石两种。绿松石称作甸子，回族甸子称你舍卜的，河西甸子称乞里马泥，襄阳变色的称荆州石。还有一种名叫鸦鹘的宝石，有红亚姑、马思艮底、青亚姑、你兰、屋扑你兰、黄亚姑、白亚姑等七种。元代蒙古族征服欧亚广大地区，宝石来源除购买之外，还来自掠夺和贡献。绿宝石中的祖母绿和猫儿眼、红蓝宝石，一直到明清时期都很贵重，明朝时祖母绿折价四百换，即一两重的祖母绿可以折换四百两黄金。南明一位皇后做一顶珠宝凤冠，需费两万两银子。元天子质孙服，冬服十一等，有金锦暖帽、七宝重顶冠、红金答子暖帽、白金答子暖帽、银鼠暖帽等。夏服十五等，有宝顶金凤钹笠、珠子卷云冠、珠缘边钹笠、白藤宝贝帽、金凤顶笠、金凤顶漆纱冠、黄雅库特宝贝带后檐帽、七宝漆纱带后檐帽等，都是镶珠嵌宝的贵重冠帽。冬服所用紫貂、银鼠、白狐、玄狐、猎猁皮毛和金锦等，材料也极珍贵。据虞集《道园学古录》所记，金锦系镂皮敷金为织文者，指的是羊皮金，即将金子捶成金箔，胶贴于羊皮上，然后切镂织成金锦。但据实物分析，实际上多数是将金箔贴于纸上镂成细条，用以织锦，这种用法，宋代称为“销金”。金世宗时，因忌讳销字，改称“明金”；也有将金镂捻卷于丝线外层，捻成捻金线织锦的，称为捻金锦。元代称金锦为“纳石矢”。纳石矢也做衣服或棚帐等用。南薰殿旧藏元世祖忽必烈像，穿白衣，戴银鼠暖帽，照例这种帽应与银鼠袍、银鼠比肩配套来穿，是帝皇大朝会质孙冬服中最重要的服装。据《马可·波罗游记》记述，元朝每年要举行大朝会 13 次，有爵位的达官贵族约 12000 人，参加集会时分节令同穿一色金锦质孙服，按时集中大殿前，按爵位或亲疏辈分饮宴。皇帝身上珠玉装饰，特别华美。又说在按节令出行大猎时，出动猎犬万只，管理人员 20000 人，分成两队，另一队红衣，一队蓝衣。另有打捕鹰人一万，携带雄猛贵重的猎鹰“海东青”500 只，还有经过驯服的狮豹参加。皇帝出行打猎时，坐于内用金锦、貂皮、银鼠皮装饰，外用豹皮覆盖的大木楼内，由四只大象抬着木楼前进，前后左右另有万人护卫。《黑鞑事略》讲到，凡其主打围，必大会众人，在一两百里大范围内挑土为坑，插木为表，系挂毳索，挂起毡羽，风吹时毡羽飞起，野兽就不敢往外逃奔，然后合围追击。元代统治者穿的袍子，为交领窄袖，腰间打成细褶，用红紫线横向缝纳固定，使穿时腰间紧束，便于骑射。这种袍元代称作“辫线袄”。此种款式到明代称为曳撒，仍作为出外骑乘之服。

元代皇帝和皇帝亲属穿缠身大龙纹的龙袍，当时民间街市也有这种龙袍出卖，元世祖发现后，立即下令禁止民间私自织绣这种龙袍。在《元史》刑法志和舆服志中，说龙是指五爪两角，这就使龙和蟒有了区分的标准，蟒是四爪或三爪。据《元典章》记载，凡皇帝戴过的帽子样式，别人就不许再做再戴；否则，制作工人就要处死。大德元年，皇帝做了一个黑羔细花儿斜皮帽，责令监司官承直传话，如果有人再做就是死罪。大德十一年，皇帝做了一个金翅雕样皮帽顶儿，传令别人不许再做。至大元年，工匠给验马做的皮帽样子和皇帝的皮帽相同，也下令不许戴，缝帽子的也要治罪。民间还禁止穿赭黄、柳绿、红白闪色、迎霜色（褐色）、鸡头紫、栀子红、胭脂红等颜色。帽笠不许饰金玉，靴不得制花样。因此，民间服饰只好向灰褐色系发展，《南村辍耕录》卷十一写像秘诀中，记述了服饰颜色，罗列的褐色名目，就有砖褐、荆褐、艾褐、鹰背褐、银褐、珠子褐、藕丝褐、露褐、茶褐、麝香褐、檀褐、山谷褐、枯竹褐、湖水褐、葱白褐、棠梨褐、秋茶褐、鼠白褐、丁香褐等名称，说明褐色在当时是很重要的服装色彩。

元明之际通俗读物《碎金》记载，元代服饰名目繁多，男服有深衣、袄子、褡护、貂鼠皮裘、罗衫、布衫、汗衫、锦袄、披袄、团袄、夹袄、氈衫、油衣、遭褶、胯褶、板褶、腰线、辫线、出袖、曳撒、衲夹、合钵。围腰的有玉带、犀带、金带、角带、系腰、栾带、绒绦。头上戴的有帽子、笠儿、凉巾、暖巾、暖帽。佩服的有昭文袋、钞袋、镜袋、手帕、汗巾、手巾……脚穿的有朝靴、花靴、旱靴、钉靴、蜡靴、球头直尖靴、鞦靴、皮袜、布袜、水袜及丝鞋、棕鞋、拓鞋、麻鞋、搭膊、缠带、护膝、腿绷、缴脚等等。

元代蒙古族太祖成吉思汗于中统元年，即宋开禧二年、金泰和六年（1206）称帝。当时上自成吉思汗，下至国人均剃“婆焦”，如汉族小孩留三搭头的样子，将头顶正中及后脑头发全部剃去，而在前额正中及两侧留下三搭头发。正中的一搭剪短散垂，两旁的两搭绾成两髻悬于两旁下垂至肩，这就阻挡住向两旁斜视的视线，使人不能狼视，称为“不狼儿”。但也有一部分人保持女真族的发式，在脑后梳辫垂于衣背。

据元史记载，到 1261 年，蒙古人以燕京为都，才开始接受汉的礼制法器物。1272 年制定皇帝的衮冕、圭璧、符玺及车仗等礼仪制度。1321 年参酌古今，结合汉蒙的传统制定了天子冕服，太子冠服，百官祭、朝、士庶服色，天子百官的质孙服等一系列服制。因其汉制部分综合继承唐宋传统在此不再赘述，只质孙服为蒙古族传统，现加以说明。

质孙服，此服冬夏不同，质料精粗有别。但对于穿服者却无太多限制。只要是蒙古族上至王公大臣，下至近待门卫东工皆可服用。自元建国后，渐作为一种蒙古族所有的能体现民族特征的礼服。

元天子的质孙服，冬服衣料、色彩与帽是配套的，如穿金锦剪茸质地的质孙袍则戴金锦暖帽；穿大红、桃红、紫、蓝、绿的宝里则戴七宝顶冠；穿红、黄粉皮服则戴红金答子暖帽……夏服，穿答纳都纳石矢锦介质孙袍，在锦上缀大珠子卷云冠；穿大红珠宝里红毛子答纳，则戴珠缘边钹笠；穿白毛金丝宝里则戴白藤宝贝帽……不一而足。其他百官的质孙服，也有定色，共计冬服九等、夏服十四等。

蒙古男子日常还穿比肩与比甲，比肩也叫“襻子答忽”或搭护，这是一种有表有里的皮衣，较马褂长，形似半袖的外罩，清朝的端罩即由此演变而来。比甲，是一种无襟、无领、无袖的衣裳，类似于前朝的两裆，不过元人比甲前短后长，用两襻系结，便于马上活动。

元人的脚服主要以靴为主，有皮靴、毡靴、鹅顶靴、鹄嘴靴、高丽靴等。

元朝的汉族，基本上保留了宋朝的服制，元初也曾颁布剃发的命令，但执行情况一般，汉族作为第三等人（北方汉族）和第四等人（南方汉族）保留了原本的服饰。在元朝廷任职的汉族则依元的服饰着与品级相同的服饰。

三、元妇女的服饰

元朝妇女的常服与礼服的区别与男装相同，仅在质地用料与服色花纹上，并无式样的区别，通常元蒙古妇女戴帽或罟冠，穿团衫大衣，披云肩，穿靴。

元妇女的首服有帽与冠两种，帽以皮、毡为之，贵贱随穿着者经济地位而定。冠有罟罟冠（也叫姑姑冠），固罟冠、顾肆、鹧鸪等名目，皆译自蒙古语，是后妃及大臣之妻等蒙古贵妇的头饰。罟罟冠一般用木为骨，再在木上包红绢金帛，包好的木胎顶上用 4~5 尺长的柳条或银条打制成枝，上再包青毡，再在此上加饰翠花或五彩帛装饰，也有用鸡毛做装饰，最后此冠可高达 5~6 尺，流行时尚追求越高越好，所以有进帐、进轿困难的情况。元代蒙古贵族妇女袍式宽大，袖身肥大，但袖口收窄，其长曳地，走路时要两个女奴扶拽。袍多用大红织金、吉贝锦、蒙茸、琐里（极薄的毛毡）为时尚材料。颜色有红、黄、绿、茶色、胭脂红、鸡冠紫、泥金色等。蒙古族妇女的袍可做礼服用。

材质常用织金锦、丝绒或毛织品制作，喜欢用红、黄、绿、茶、胭脂红、鸡冠紫、泥金等色。这种宽大的袍式，汉人亦称它为“大衣”或“团衫”。金代披戴的云肩，到元代制作得更加华美了。舞人宫女的云肩尤为讲究。半臂在元代也很流行，男女都穿。元朝末年，后妃贵族常以高丽妇女为侍女，高丽式的衣服、鞋帽成为一时流行的款式。有爵命的蒙古族妇女，头戴一种很有特色的故故冠，这种冠是用桦木皮或竹子、铁丝之类的材料作为骨架，从头顶伸出一个高两三尺的柱子，柱子顶端扩大成平顶帽形，然后再用红绢、金锦或青毡包裱，上面再加饰翠花、珍珠。地位高的人更在冠顶插野鸡毛，使之飞动。戴这样高的故故冠坐车时需将野鸡毛拔下，交给侍女拿着。后妃们骑大象时也戴插有野鸡毛的故故冠，穿宽长曳地的大袖衣，形如汉族的鹤氅。穷人的故故冠则用黑色粗毛布包裹。故故冠也有罟罟、固姑、鹧鸪、罟罛等名称。丘处机的《长春真人西游记》说此种帽子“其末如鹅鸭，故名故故”，忌讳别人触摸，出入庐帐时必须侧身低头。除故故冠外，也戴皮帽，并以黄粉涂额做化妆。

蒙古族妇女喜欢用黄粉涂额，穿红靴。元末在蒙古族妇女中流行衣、靴、帽皆仿高丽制，这与当时后妃、贵妇家多用高丽女侍有关。

元的汉人与南人的妻女皆服宋汉装，尤其是南方妇女，绝少有改服的现象。南有霞帔、坠子、大衣、长裙、褙子、袄子、衫子、背心、褑子、膊儿、裙子、裹肚、衬衣，北有项牌、香串、团衫、大系腰、长袄儿、鹤袖袄儿、胸带。

四、元代的服饰纹样

元代的服饰纹样，无论是在山西芮城县永乐宫著名的元代壁画人物衣着，或是在《元典章》中所载丝织品名目，或南北各地出土实物中所见到的，题材内容和装饰风格，大致都是在承袭两宋装饰艺术传统的基础上发展的，只有少数织金锦纹样糅入一些西域图案的影响。

元代仪仗仍穿袍服，以各种生色花（写生花）为饰，《元典章》所载丝织品名目，大多用织金，如织金胸背麒麟、织金白泽，织金狮子、织金虎、织金豹、织金海马。另有青、红、绿诸色织金骨朵云缎，八宝骨朵云，八宝青朵云，细花五色缎等花样。元代的服装曾先后在内蒙古集宁路故城、苏州张士诚母曹氏墓、山东邹县李裕庵墓等处出土。内蒙古集宁路元代故城出土的绣花夹半臂，衣长 62 厘米，两袖通长 43 厘米，袖宽 34 厘米，领口深 3.5 厘米，腰宽 53 厘米，下摆宽 54 厘米，用棕色四经绞罗面料，衣领及前襟下部用挖花纱缝拼，米黄色绢做里，两肩所绣花纹极精细。有坐于池旁柳下看鸳鸯戏水的女子、坐于枫林中的男子、扬鞭骑驴的女子，以及莲荷、灵芝、菊、芦草、鹤、凤、兔、鹿、鲤、龟、鹭鸶等。其余衣身绣散点折枝花，绣法近于苏绣针法。山东邹县元李裕庵墓出土的有男绸袍、女斜裙等，有一件鲜黄色梅雀方补菱纹暗花绸夹半臂，补内织写实的梅树、石榴树、雀鸟、萱草等，雀鸟栖于树枝上对鸣呼应，极为生动。女裙为驼色荷花鸳鸯暗花绫制作，由莲花、鸳鸯、红蓼、慈姑、双鱼、四瓣花、水藻等排成满地散点，下衬曲水纹。香黄色如意连云暗花绸女夹袍，为交领、右衽、窄袖、腋下打裥，后中缝及左边开启，图案为穿枝灵芝间以古钱、银锭、珠、金锭、火珠、犀角、珊瑚等杂宝，花纹单位为 9 厘米 ×6 厘米。苏州张士诚母曹氏墓出土的绸裙和缎裙，图案为团龙戏珠、祥云八宝、双凤牡丹及穿枝宝仙等，基本上都继承了宋代写实的装饰风格和柔丽之风。但在新疆乌鲁木齐市南郊盐湖一号古墓出土的黄色油绢窄袖辫线袄，肩领袖及襟边所镶纳石矢（织金锦），纹样造型粗犷，反映了蒙古游牧民族的审美爱好，与北京故宫博物院所藏元代红地龟背团龙凤纹纳石矢佛衣披肩的图案，风格一致。

五、军戎服饰

蒙古元人的骑兵，挥舞着马刀，横扫亚欧大陆，势如破竹，其坚无敌能摧。这种无坚不摧的军力，与蒙古人的军戎装备之精良、骑兵作战之灵活是分不开的。

元人甲胄极为精良，有柳叶甲、铁罗圈甲。在彼得堡宫中藏有蒙古遗存的甲胄一袋，内层皆以牛皮衬之，外层则挂满铁甲，甲片相连如鱼鳞，箭不能穿透。元代还有一种翎根铠，用蹄筋、翎根相缀而胶连甲片，普通箭根本无法穿透。蒙古武士还戴铁盔，无遮眉却有一个很大的护鼻器，其状怪异但颇实用。

除此之外，蒙古人还有火枪火炮。蒙古人的红衣大炮威力极大，清代仍在使用此类火器。

蒙古人可以称霸欧、亚大陆，与其精良的骑兵是分不开的。

第五章　明代服饰

第一节　明代服制

一、祭服

朱元璋打着“驱除鞑虏，恢复中华”的口号推翻了元蒙古人的政权，所以立国后，先禁胡服，尤其是在官服方面，先后于洪武三年（1370）、洪武十六年（1383）、洪武二十六年（1393）三次颁定官员的祭礼之服。洪武三年颁定的内容与唐宋旧制接近，但也渗透了朱元璋个人的好恶，在天子六冕中，他独留衮冕，废去其他五冕。洪武二十六年的规定，则更能体现朱元璋个人的意志。

明代官服是当时材料工技水平最高的服装，就制度而论它承袭唐宋官服制度的传统，指导思想比较保守。但制作更趋精美，整体配套也更趋和谐统一。明太祖洪武元年（1393），朱元璋鉴于局势尚未安定，学士陶安请制定冕服，朱元璋指示礼服不可过繁，祭天地、宗庙只需戴通天冠，穿纱袍。一品至五品官服紫，六、七品服绯。洪武三年（1370）明取法周汉唐宋，以火德王天下，色应尚赤，朱元璋认可，并规定正旦、冬至、圣节（皇帝生日）、祭社稷、先农、册拜等大典要穿衮服。

明衮冕的形制基本承袭古制，在圆柱形帽卷上端覆盖广一尺二寸、长二尺四寸，用铜版做成的，綖板前圆后方，用皂纱裱裹。板前后各有 12 旒，旒就是用五彩的缫（丝绳）12 根，每根穿五彩玉珠 12 颗，每颗间距一寸。帽卷夏用玉草、冬用皮革做骨架，表裱玄色纱，里裱朱色纱做成。帽卷两侧有纽孔（戴时用玉簪穿过纽孔把冕固定在头顶的发髻上），下端有武（帽圈），纽孔和武都用金片镶成。板左右悬红丝绳为缨，缨上挂黈纩充耳，垂于两耳之旁。此外，綖板上还悬有一根朱纮。

与此配套的衮服，据《明史·舆服志》记载，由玄衣、黄裳、白罗大带、黄蔽膝、素纱中单、赤舄等配成。据永乐三年（1405）的定制，玄衣肩部织日、月、龙纹，背部织星辰、山纹，袖部织火、华虫、宗彝纹，领、褾（袖端）、襈（衣襟侧边）、裾（衣襟底边）都是本色。裳织藻、粉米、黼、黻纹各二，前三幅、后四幅，腰部有襞积（褶裥），綼（裳的侧边）、裼（裳的底边）都是本色，腰以下前后不缝合。中单以素纱制作，青色领、褾、裾，领上织黻纹十三，蔽膝与裳同色，织藻、粉米、黼、黻各二，本色边。

另有黄、白、赤、玄、缥、绿六彩大绶和小绶，玉钩、玉佩、金钩、玉环及赤色袜、舄，但《三才图会》的附图与此略有不同。祭服一品至九品具体形制：青罗衣，白沙中单，俱用黑色缘。赤罗裳皂缘，蔽膝，方心曲领；冠带、佩绶同朝服。文武官员陪祭时也服此服。若在家祭祀时，三品以上去方心曲领，四品以下去佩绶。

嘉靖八年（1803）重新订祭服，使祭服与朝服大体相同，只是锦衣卫的官员可以服用大红的蟒衣和飞鱼服，戴乌纱帽，束鸾带。

二、朝服

朝服，洪武三年定制为乌纱折上巾，盘领窄袖袍，腰带以金、琥珀、透犀（带有透线纹的上等犀角）相间为饰。永乐三年（1405）改为盘领窄袖黄袍、玉带、皮靴。黄袍前后及两肩各织金盘龙一，即一般所称的四团龙袍。乌纱折上巾造型像扇子，故称翼善冠。

洪武二十六年颁定的朝服有：公爵冠八梁、加笼巾貂蝉，立笔，前后玉蝉；侯爵七梁冠，笼巾貂蝉，立笔，前后金蝉；伯爵同侯爵，只是前后玳瑁蝉，都插以雉尾；驸马同侯爵，但不插雉尾，衣用赤罗衣，白纱中单青缘领，赤罗裳青缘，赤罗蔽膝，赤白二色大带，革带，佩绶，白袜黑履；一品七梁冠，不用笼巾貂蝉，玉革带玉佩，绶用四色织成花锦，下结青丝网玉环；二品玉梁冠；三品五梁冠；四品四梁冠；五品三梁冠；六品、七品二梁冠；八品、九品一梁冠。其他差别在于革带用犀金、银钑花、银、乌角及绶的纹样和四色、三色、二色的分别，独御史用獬豸冠。

朝服一般用于大祀、庆成、正旦、冬至、圣节及颂诏开读，进表、传制时服用。

三、公服

洪武二十六年定制，公服衣用盘领右衽袍，袖宽三尺。一品至四品绯袍；五品至七品青袍；八品九品绿袍；未入流杂职官同八品以下。明继金公服旧制，以袍上花纹的大小来分别品级，如一品用大独科花，径五寸，以下盖减其花径大小。冠首用幞头，漆沙质地，旁边有二展角各长十二寸。腰带，一品用花或素的玉；二品犀；三品、四品金荔枝；五品以下用乌角。鞓用青革，垂尾于下，脚着皂靴。公、侯、伯、驸马的公服与一品官相同。公服一般用于早朝、晚朝奏事、待班、谢恩、见辞时服用，以后朔望上朝时也用。

四、常服

明代官吏朝常视事服常服。戴乌纱帽、身穿盘领补服是明代官吏的主要服饰，这是明官常服的独特之处，不仅官宦可用，士庶也可穿着，只是颜色有所区别。平民百姓所穿的盘领衣必须避开玄色、紫色、绿色、柳黄、姜黄及明黄等颜色，其他如蓝色、赭色等无限制，俗称“杂色盘领衣”。明朝建国二十五年以后，朝廷对官吏常服做了新的规定，凡文武官员，不论级别，都必须在袍服的胸前和后背缀一方补子，文官用飞禽，武官用走兽，以示区别。这是明代官服中最有特色的装束。

洪武三年规定，大明官员办公一律用乌纱帽、团领衫束，以腰带区分品级。一品用玉带；二品花犀；三品金钑花；四品素花；五品银钑花；六品、七品素银；八品、九品乌角；公、侯、伯、驸马与一品同。在洪武二十四年（1391）又加规定，以补子来分别常服品级。

补服的制度到明中、后期执行混乱，官的补子，一律用狮子，锦衣卫的指挥、佥事以上也有用麒麟补子的。

明补子的运用是古代官服史上承前启后的一件大事，补子的章服作用从武则天朝的袼文袍起发展至明代，文官用禽，武官用兽，充分体现了中华民族象征文化的丰富内涵。仙鹤品性高洁，是神仙的坐骑。锦鸡纹章灿烂，象征文彩绚丽。孔雀、云雁美丽，善飞。白鹇、鹭鸶、鸂鶒各有专长，是主人的好帮手。黄鹂，善鸣，歌声动人。鹌鹑淳良朴实。狮子、虎豹、熊罴都是猛兽中的强者，彪是小老虎，是未来的百兽之王，犀牛、海马也是体大力猛的巨兽。总体上文臣希望他们品行、文才俱佳，并运用自己的一技之长为（主人）治理国家尽力。对武官则希望他们勇猛，能令敌人胆寒。

五、赐服

赐服是明官服史上又一独具特色之处。明的赐服有两种：一种如前代，即某品官未达绯紫的地步，而赐其佩玉带，佩仙鹤补服，等等。另一种赐服则属明之特色，所赐之服由蟒衣、飞鱼、斗牛服组成。这三种服装的纹饰，都与皇帝所穿的龙衮服相似，本不在品官服制之内，是明朝内使监宦官、宰辅蒙恩特赏的赐服。获得这类赐服被认为是极大的荣宠。明沈德符《万历野获编·补遗》卷二说："蟒衣如像龙之服，与至尊所御袍相肖，但减一爪耳。"《元典章》卷五十八记大德元年（1297），"不花帖木耳奏：'街市卖的缎子似皇上御穿的一般，用大龙，只少一个爪子。四个爪子的卖著（者）有奏（着）呵。'"说明四爪大龙缎袍（蟒袍）在元初就已经在街市出卖。《明史·舆服志》记内使官服，说永乐以后（1403年以后）"宦官在帝左右必蟒服，……绣蟒于左右，系以鸾带。……次则飞鱼……单蟒面皆斜向，坐蟒则正向，尤贵。又有膝襕者，亦如曳撒，上有蟒补，当膝处横织细云蟒，盖南郊及山陵扈从，便于乘马也。或召对燕见，君臣皆不用袍而用此。第（但）蟒有五爪四爪之分，襕有红、黄之别耳"。从这段记载可知：蟒衣有单蟒，即绣两条行蟒纹于衣襟左右；有坐蟒，即除左右襟两条行蟒外，在前胸后背加正面坐蟒纹，这是尊贵的式样。至于曳撒是一种袍裙式服装，除于前胸后背饰蟒纹外，另在袍裙当膝处饰横条式云蟒纹装饰，称为膝襕。所以绣蟒的衣服常易与龙袍相混，极为珍贵，需皇帝亲赏才能服用。蟒衣与龙袍上图案差别极小；蟒衣的蟒爪是四指，龙袍的龙爪是五指，如不走近细辨，这么微小的差别实难区分。但在皇帝时代，私着龙袍，即使私藏也可做谋逆、谋反等不赦之罪的判处依据。可见受赐此服的恩宠度。

飞鱼，据《山海经》载："其状如豚而赤文，服之不雷，可以御兵。"具有神话色彩。《林邑国记》说："飞鱼身圆，长丈余，羽重沓，翼如胡蝉。"是一种龙头、有翼、鱼尾形的神话动物。

斗牛，原是天上星宿，据《晋书·张华传》记载：晋惠帝时，广武侯张华见斗牛之间常有紫气，请通晓天文的雷焕去询问，雷焕说是丰城宝剑之精，上彻于天，就让雷焕为丰城令。焕到任，掘狱屋基得一石函，中有双剑，刻题一曰龙泉，一曰太阿。乃一以送华，一以自佩。后张华被杀，剑忽不见。雷焕死后，其子持剑过延平津，船至江中，剑忽跃出，堕水。但见二龙蟠萦有文章，水浘警沸，于是失剑。明代斗牛服为牛角龙形。

明朝只有皇帝和其亲属可穿五爪龙纹衣服，明后期有的重臣权贵也穿五爪龙衣，则称为“蟒龙”。嘉靖权相严嵩被参劾倒台后，在江西分宜县严嵩的老家抄没成千上万件丝绸衣料和各种华贵服装。《天水冰山录》记载着从严嵩家抄没的财产名录，其中有五爪云龙过肩妆花段（缎），各种颜色质料的蟒龙纹衣料。如蟒龙补、过肩蟒龙。蟒、蟒补、过肩蟒、过肩云蟒、百花蟒，斗牛、斗牛补、斗牛过肩、斗牛过肩补，飞鱼、飞鱼补、飞鱼过肩、飞鱼通袖等各式衣，圆领、袍、袄、女衣、女袍、女袄、女披风等成衣和织成衣料（按照成衣款式的结构裁片排料而织制的服装匹料）。

明代蟒服、斗牛服在北京南苑苇子坑明墓、南京太平门外板仓村明墓、广州郊区明墓均有实物发现。飞鱼服贵重程度仅限于蟒衣，斗牛服也如此。所以嘉靖年间禁文武官不许擅用蟒衣、飞鱼、斗牛服。

六、燕服

嘉靖七年（1528），规定品官燕服为忠静冠。忠静冠是参照古时玄端服的制度而定的，鉴于当时服制出现混乱现象，故用忠静之名，勉励百官进思尽忠、退思补过，通过服装来强化意识形态。忠静冠冠框用乌纱、乌绒为表，两山具列于后，冠顶中微起，三梁各压以金线，冠边用金片包镶，四品以下用浅色丝线压边，不用金边。衣服款式仿古玄端服，古制玄端取端正之意，士之衣袂（衣袖）二尺二寸，衣长亦二尺二寸，正裁，色用玄，上衣与下裳分开。明代用深青色纻丝或纱、罗制作。三品以上织云纹，四品以下素，缘以蓝青，前后饰本等花样补子。深衣用玉色，素带，素履，白靴。凡在京七品以上官及八品以上翰林院、国子监、行人司，在外方面官及各府堂官、州县正堂、儒学教官及都督以上武官许穿之。

明的内廷大臣还穿着曳撒（形如前代的质孙服）、直身、道袍、氅衣、罩甲等服。

明皇帝祀殿、祀地时用履，其余时间，其他官员则一律穿服皂靴，雨天在靴外套“钉靴”以防雨防滑。

第二节　士庶男女服装

一、士庶男服饰

据明清史料记载：崇祯末年（1644），李自成攻陷北京。崇祯帝命令他的儿子们换上青布棉袄、紫花布袷衣、白布裤、蓝布裙、白布袜、青布鞋，戴皂布巾，扮作平民男子的模样，以避险逃难。由此可以了解到明末时平民男子的装束，不过因为是乔装，所以，崇祯的儿子们换上的一定是底层劳动人民最一般的装束。和平时期的普通男子的装束似乎要比他们的穿着更讲究一些。

（一）巾帽

明官员法定的常服帽子是乌纱帽，前低后高，二旁各插一翅，通体皆圆。这种形制的乌纱帽已成为官员为官的象征，所以俗语中才有以“乌纱帽”来指代官员官职的语义。平民首服常用巾和帽。明不仅继承了唐宋旧有的巾帽样式，还吸收了元人笠子与大帽的传统，明代的帽服空前地多样。例如儒巾、软巾、诸葛巾、东坡巾、山谷巾，都是传统的巾式。方巾是古代角巾，明朗瑛《七修类稿》记：洪武三年，明太祖朱元璋召见浙江山阴著名诗人杨维祯，杨戴着方顶大巾去谒见，太祖问他戴的是什么巾，他答道叫四方平定巾，明太祖听了大喜，遂颁行天下。明初还有一种用黑色细绳、马尾鬃丝或头发编结的网巾，网口上下用帛包边，边子旁缀有金属小圈，两边各系小绳交穿于二小圈内，上面束于顶发，下面可用总绳拴紧，故又名“一统山河”或“一统天和”。网巾的用处是可以保持头发不乱。《七修类稿》记明太祖到神乐观，见有道士于灯下结网巾，问之，答是网巾，用以裹头，则万发俱齐。第二天明太祖就命此道士为道官，并取网巾颁告天下，使人无贵贱皆带之。明朝官服戴纱帽笼巾，下面多先戴网巾起约发挥作用。天启时，削去网带，止束下网，名为“懒收网”，便于劳动者劳动时约发。另外有四周巾，用二尺多的幅帛裹头，余幅后垂，为燕居之饰。

除以上巾子外，明代的巾还有网巾、儒巾、四方头巾、平顶巾、汉巾、软巾、吏巾、四角方巾、二仪巾、平巾、万字巾、番子巾、纯阳巾、披云巾、玉台巾、飘飘巾、包角巾、缣巾、金线巾、高士巾、素方巾、褊巾、和靖巾、诸葛巾、凌云巾、华阳巾、乐天巾、晋巾、方包巾等。其他尚有玉壶巾、明道巾、折角巾、东坡巾、阳明巾、程子玉台巾等。据《暖姝由笔》记载:“国朝创制，前代所无者，儒巾、折扇、四方头巾、网巾。”所举四样，除折扇既不起源明代也不属首服不再议论以外，其他三样皆明朝创制的巾子。

儒巾，以里绉纱为表，漆藤丝或麻布为里，仿幞头制，有垂带，多为儒生公子戴，故得名。四方头巾，就是前文提到的“四方平定巾”。此巾因四方平直，寓意好，所以深得朱元璋之欢心，到明末时此巾做得又高又大，形容它像头顶一书橱。此巾多为士人所戴。网巾，也因其名“一统山河”“一统天和”，深得朱元璋的欢心。纯阳巾，顶部用帛叠成一寸宽的硬褶，叠好后像一排竹简垂之于后，以八仙中的吕洞宾号纯阳命名。这款巾子也可按唐代诗人白居易（字乐天）的字，称为乐天巾。老人巾，是明初始兴的巾样，纱罗软帽，顶部倾斜，前高后低，下缘阔边。相传明太祖用手将顶部按之使之前俯后仰，就依样改制之，唯老年人所戴，故称老年巾。将巾、结巾，都是用尺帛裹头，又缀片帛于后，其末端下垂，俗称扎巾。此外还有两仪巾，后垂飞叶两片。万字巾，上阔下狭形如万字。凿子巾，即唐巾去掉带子。凌云巾，因形状诡异被禁用。

帽有棕结草帽、遮阳大帽、圆帽、鹁帽、堂帽、中官帽、互楞帽、小帽、笠、卷檐毡帽、方斗笠、磕脑、烟墩帽、红里高帽、边鼓帽等。此中值得一提的是小帽与笠。小帽本为执役厮卒辈所戴。其后士庶取其穿戴方便亦有戴的。小帽有八瓣、六瓣之分。顶做圆形或下半圆形，用线合缝之，下有檐，后代去檐，所以俗称“瓜皮帽”，不过此帽还有一个非常吉祥的名字“六合一统”帽。一般帽的质地春秋用罗，夏用鬃或绉纱，冬季则用毡。当时南方百姓冬天都戴它，是明朝民间最流行的。《枣林杂俎》记：隆庆时，嘉善丁清惠将做句容县令，他的父亲告诫他说：“你此行，那些戴纱帽的人说好，我不信，当差的说好，我更不信。即穿青衿（蓝衫）的读书人说好，亦不信，惟瓜皮帽说好，我就信了。”明朝瓜皮帽顶只许用水晶、香木。到清朝上上下下都戴这种帽子，材料用纱、缎、倭绒、羽绫，一般用丝绦结顶，讲究的用金银线结顶，也有用玉顶或红珊瑚顶的。遇丧事，帽顶用黑或白。直到抗日战争期间，民间仍有人戴它。从造型来看，与三国时曹操所创的帽一脉相承，但因当时天下荒乱，资材匮乏，所以拟古皮弁式样，裁缣帛以为，合于简易随时之义。瓜皮帽款式则稍有改进。

笠，在唐宋汉制中，属特殊人群（如农夫、渔夫）、特殊天气穿用的具特殊用途的首服，如蔽日、遮雨等。自元朝以来，笠帽经蒙古人的改造，不仅成为常服的一部分，而且采用不同的质地适用于很多场合。中军巡捕、校尉、舆隶、轿夫、伞夫等都可服用不同的笠帽。

毡笠：帽形尖圆而有帽顶，卷帽檐前高后低，为游牧民族传统帽式。

软帽：软帽为一块圆形布帛做帽顶，下缝布帛帽圈而成的便帽，后垂双带，广州东山梅花村明戴缙墓曾出土此种软帽。与江苏扬州明墓出土的儒巾款式基本相同。

乌纱帽：乌纱帽是用乌纱制作的圆顶官帽，东晋宫官已戴之。隋朝帝王贵臣多穿黄色纹绫袍、乌纱帽、九环带、乌皮靴，后渐行于民间。唐代风行折上巾，乌纱帽渐废。明朝采晚唐、明代幞头形式制乌纱帽为百官公服，上海卢湾区明潘氏墓曾有乌纱帽实物出土。而北京定陵出土明万历皇帝所戴翼善冠，则是唐代乌纱折上巾的发展。

烟墩帽：直檐而顶稍细，上缀金蟒或珠玉帽顶，冬用鹤绒或纻丝、绉、纱制作，夏用马尾结成，内臣所戴，四川阳城明墓有戴烟墩帽俑出土。

边鼓帽：边鼓帽是一种长尖顶带檐的圆帽，元代遗制，为一般市井少年、平民、仆役等常戴，明嘉靖时极流行，清代亦常见。

瓦楞帽：帽顶折叠似瓦楞，故名。金、元时已有。或用牛马尾编结。嘉靖初生员戴之，后民间富者亦戴。此帽的形似古代兜鍪，其檐或圆，或前圆后方的帽子，万历以后，明士庶通服之。

奓（zhà 音乍）檐帽：圆帽顶，帽檐外奓如钹笠，可以遮阳。《古今事物考》卷六说圆帽是元世祖出猎时因日光射目，以树叶置帽前，其后雍古剌氏用毡片置帽子前后，即奓檐帽。明代宣宗行乐图、宪宗行乐图画帝王便服，也戴这种帽子。此帽也是明生员、监生所戴的礼帽。

大帽：明太祖见生员在烈日中上班，就赐遮阳帽，形如烟墩帽而有帽檐。

鞑帽：用皮缝成瓜皮帽形，帽顶挂兽皮为饰，帽檐缘毛皮出锋，此亦游牧民族传统帽式。

方顶笠子：明代农民许戴笠子，多用细竹篾做胎，外罩马尾漆纱罗，元代笠子帽做方顶式，蒙古族中层官吏所戴，洪武初农民皆戴“蒲斗笠”以遮风日。

明代巾帽种类繁多，官服冠帽，传承唐宋遗制而形制更趋繁丽，一般巾帽则常保持元蒙状貌，因其造型简约而实用。

（二）衣裙

明代男子上衣仍以袍衫服为主，上文青布棉袄与紫花布夹衣都是明代普通男子的一般装束。棉袄就是絮棉的短衣，今世的棉袄是其遗制，不过明代的棉袄与今天的棉袄还有一些差别，明代的棉袄大多大襟，窄袖、交领，下长过腰。男女通用于冬季。另外还有一种絮丝绵的棉袄。夹衣、交领，中不絮棉。春秋气候稍冷时服用。除此之外，明代男子的日常装束上衣还有褡护、直身、襕衫、罩甲、程子衣等。

搭护是元代的遗制，属于半臂一类，比褂略长的一种短袖衣。直身在宋代称直掇。明太祖朱元璋在洪武初年（1368）曾颁令青布直身做普通男子的章服。这种直身阔袖大衫，与道袍相似。宋时已见其制，元明时尤为盛行。以绫罗绸缎为之，单夹绒棉各唯其时，成为明士庶男子的主要便服。罩甲有两种，一种对襟，唯骑马者可用，其他人禁用。一种非对襟，士庶皆可使用，只是地位不同，颜色、质地、花纹不同，如军人黄罩甲。捕快红布罩甲，在清人对明人的追记中，明末的时尚变化常以袖的宽窄短长、衣身的长短为变化内容。

明男子除冕服、朝服外，在其衣之内皆束裙。在流行短袍衫时会露出其内的束裙，不过明男子也有在衣内穿裤裤的。

（三）靴、鞋、履

明代男子的官服一律穿皂靴，所以靴也就带有一定的官威、官气。普通男子如庶民、商贾、技艺、步军及余丁等是不许穿靴的，只能穿一种有系统的 [将统扎缚于行縢（裹腿）之外] 称为“皮扎”的皮履，儒生虽未取得功名，但终因是读书人，倒也允许穿靴。

普通百姓可穿履或鞋，乡中有学问的长者可以穿“厢边云头履”，俗称“朝鞋”，一般儒生穿双脸鞋，庶民穿膭靸（一种深口而有屈曲的鞋子），南方庶民以蒲鞋为日常穿着。岭南庶民，不论男女多着彩画木屐。

二、士庶女服装

（一）命妇的礼服

洪武三年定制，皇后在受册、谒庙、朝会时穿礼服。其冠，圆框冒以翡翠，上饰翠九龙四凤，大、小珠花树各十二枝，两博鬓、十二花钿（短头大花的花簪）。穿袆衣，深青地，画红加五色翟（雉鸟）十二等（行）。配素纱中单，黻领、朱罗、縠（绉纱）褾（袖端）、襈（衣襟侧边）、裾（衣襟底边），深青色地镶酱红色边绣三对翟鸟纹蔽膝，深青色上镶朱锦边、下镶绿锦边的大带，青丝带做纽。玉革带。青色加金饰的袜、舄。永乐三年改制为冠式：饰翠龙九、金凤四，中一龙衔大珠，上有翠盖，下垂珠结；余皆口衔珠滴、珠翠云四十片，大小珠花各十二枝，翠钿二十，三博鬓，饰以金龙翠云，皆垂珠滴。翠口圈一副，上饰珠宝钿花十二，翠钿十二。翠口圈一副。珠翠面花五样。珠排环一对。描有金龙纹，顶有二十一颗珠的黑罗额子一件。衣改用翟衣，深青色地，上织十二对翟鸟纹间以小轮花，红领褾（袖端）、襈（衣襟侧边）、裾（衣襟底边），织金色小云龙纹。配玉色（极浅的青绿色）的纱中单，红领褾襈裾，织黻纹十三。深青蔽膝，织翟鸟三对间以小轮花四对，酱深红色领缘织金小云龙纹。玉革带用青绮包裱，描金云龙，上饰玉饰十件，金饰四件。青红相半的大带下垂部分织金云龙纹。青绮副带一。五彩大绶一，小绶三。玉佩二副。青色描金云龙袜、舄，每舄首饰珠五颗。

洪武元年定，命妇一品，冠花钗九树、两博鬓、九钿。穿绣有九对翟鸟的翟衣，素纱中单，黼纹领，用朱色縠镶袖口及衣襟边。蔽膝绣翟鸟两对。玉带，佩绶，青色袜舄。二品，冠花钗八树、两博鬓、八钿。穿绣八对翟鸟的翟衣，犀带，余同一品。三品，冠花钗七树、两博鬓、七钿。衣绣翟鸟七对，金革带，余如二品。四品，冠花钗六树、两博鬓、六钿。衣绣翟鸟六对，金革带，余如三品。以下五品至七品每低一品，减花钗一树，减一钿，衣减绣翟鸟纹一对，带用乌角带。自一品至五品依随夫色用紫，六、七品依随夫色用绯。大带如衣色。

洪武四年，因文武官改用梁冠绛衣为朝服，不用冕，故命妇亦不用翟衣，改以山松特髻、假鬓花钿、真红大袖衣、珠翠蹙金霞帔为朝服。以珠翠角冠、金珠花钗、阔袖杂色绿缘衣为燕居之服。一品，衣金绣文霞帔，金珠翠装饰，玉坠。二品，衣金绣云肩大杂花霞帔，金珠翠妆饰，金坠子。三品，衣金绣大杂花霞帔，珠翠妆饰，金坠子。四品，衣绣小杂花霞帔，翠妆饰，金坠子。五品，衣销金（用金粉调胶画花）大杂花霞帔，生色画绢起花妆饰，金坠子。六品、七品，衣销金小杂花霞帔，生色画绢起花妆饰，镶金银坠子。八品、九品，衣大红素罗霞帔，生色画绢妆饰，银坠子。首饰：一品、二品，金玉珠翠。三品、四品，金珠翠。五品金翠。六品以下，金镶银间用珠。

洪武五年改定品官命妇冠服。一品礼服：头饰为松山特髻，翠松五株，金翟八，口衔珠结。正面珠翠翟一，珠翠花四朵，珠翠云喜花三朵，后鬓珠梭毬一，珠翠飞翟一，珠翠梳四，金云头连三钗一，珠帘梳一，金簪二珠梭环一双。衣服为真红大袖衫，深青色霞帔，褙子，质料用纻丝、绫、罗、纱。霞帔上施蹙金绣云霞翟纹，钑花金坠子。褙子上施金绣云翟纹。二品礼服，除特髻上少一只金翟鸟口衔珠结外，与一品相同。

三品礼服：特髻上金孔雀六，口衔珠结。正面珠翠孔雀一，后鬓翠孔雀二。霞帔上施蹙金云霞孔雀纹。钑花金坠子。褙子上施金绣云霞孔雀纹。余同二品。三品常服，冠上珠翠孔雀三，金孔雀二，口衔珠结。长袄，腰带或紫或绿，并绣云霞孔雀纹，长裙横竖襕并绣缠枝花纹，余同二品。四品礼服特髻上比三品少一只金孔雀，此外与三品同。四品常服与三品同。

五品礼服：特髻上银镀金鸳鸯四，口衔珠结。正面珠翠鸳鸯一，小珠铺翠云喜花三朵，后鬓翠鸳鸯一，银镀金云头连三钗一，小珠帘梳一，镀金银簪二，小珠梳环一双。霞帔上施绣云霞鸳鸯纹，镀金银钑花坠子。褙子上施云霞鸳鸯纹。余同四品。五品常服冠上小珠翠鸳鸯三，镀金银鸳鸯二，挑珠牌。鬓边小珠翠花二朵，云头连三钗一，梳一，压鬓双头钗二，镀金簪二，银脚珠翠佛面环一双。镯钏皆银镀金。衣服为镶边绣云霞鸳鸯纹长袄，横竖襕绣缠枝花纹长裙。余同四品。

八品、九品礼服：首饰为小珠庆云冠，银间镀金银练鹊三，又银间镀金银练鹊二，挑小珠牌，银间镀金云头连三钗一，银间镀金压鬓双头钗二，银间镀金脑梳一，银间镀金簪二。衣服为大袖衫，霞帔，褙子。霞帔上绣缠枝花，钑花银坠子，褙子绣摘枝团花。及襟侧镶边绣缠枝花长袄，余同七品。

洪武五年又定命妇团衫之制，用红罗制作，绣雉鸟纹分等第。一品九等（行），二品八等，三品七等，四品六等，七品三等。其余不用绣雉。

洪武二十四年规定，大袖衫领阔三寸，两领直下一尺，间缀纽子三。末缀纽子二，纽在掩纽之下。霞帔二条，各随品级绣七个禽鸟纹，前四后三，坠子中钑花禽一，四面云霞纹，禽如霞帔随品级用。洪武二十六年对命妇官服做了一些更改，主要是简化了冠饰，如一品命妇冠为珠翟五，珠牡丹开头二，珠半开三，翠云二十四片，翠牡丹叶十八片，翠口圈一副，上带金宝钿花八，金翟二，口衔珠结二。二品至四品，用珠翟四，珠牡丹开头二，珠半开四，翠云二十四片，翠牡丹叶十八，翠口圈一副，上带金宝钿花八，金翟二，口衔珠结二。一、二品霞帔、褙子均云霞孔雀纹，钑花金坠子。三、四、五、六品冠用珠翟三，珠牡丹开头二，珠半开五，翠云二十四片，翠牡丹叶十八片，翠口圈一副，上带抹金（金粉抹涂）银宝钿花八，抹金银翟二，口衔珠结子二。五品，霞帔、褙子具云霞鸳鸯纹，镀金钑花银坠子。六品，霞帔、褙子具云霞练雀纹，钑花银坠灯。七品至九品，冠用珠翟二，珠月桂开头二，珠半开六，翠云二十四片，翠月桂叶十八片，翠口圈一副，上带抹金银宝钿花八，抹金银翟二，口衔珠结子二。七品霞帔与六品同。八品、九品，霞帔用绣缠枝花，坠子与七品同。褙子绣摘枝团花。摘枝花是带一两张叶子的花头，团花是外圈轮廓为圆形的纹样。摘枝花与折枝花的不同之处，是折枝花是长枝，而摘枝花只是带几张叶子的花头。一般命妇的常服，据《宫廷睹记》记载：髻盘顶中，旁缀金珠钗钏之属，环满髻侧，额戴凤冠。其皇贵妃，大管家婆子亦如是，止用黑纱一端罩之示别。表皆对襟，皇后左龙右凤，贵妃则双凤。

一般命妇的礼服按洪武三年的规定，依命妇的祖父、父、夫、子、孙及同族弟侄等人的官职品级而定。通用漆纱珠翠庆云冠及本品衫，霞帔、褙子，缘边的袄裙，但山松特髻子特许受诰封者才能戴。以上为后妃、命妇们正式典礼的服饰，其平常礼服较以上定制要简便一些。明代妇女的常服有两大类：一类属命妇的官常服（有礼服性质）；另一类属命妇的燕居私服和平民女子的家居常服。命妇官常服又分皇后常服与品官命妇常服。皇后常服据洪武四年颁定的衣服令规定为龙凤珠翠冠。真红大衣，衣上加霞帔。红罗长裙，红褙子。首服特髻上再加龙凤饰物。衣服料用织金龙凤纹加绣。永乐三年重新规定皇后常服的服饰内容：皂谷为冠，附以翠博山，冠上装饰一条金龙，两只口衔珠滴，展翅欲飞的珠翠质凤凰。前后牡丹花两朵，花蕊八瓣，翠叶两支。两鬓各戴一枝珠翠镶的花。珠翠云二十一片。翠口圈一幅。金宝钿花有九枝，每枝上还饰有一颗大珠，口衔珠结的金凤一对。三博鬓（共六扇），上装饰有鸾凤、金玉钿二十四，边陲珠滴，锆簪一对，珊瑚凤冠嘴一副。服用黄大衫，深青霞帔上织金云霞龙文，或绣或铺翠圈金，饰以珠玉坠子。

洪武三年规定命妇的常服，用双凤翊龙冠，首饰钏镯用金玉、珠宝、翡翠。金绣龙纹诸色真红大袖衣、霞帔、红罗长裙，红褙子。冠形如特髻，上加龙凤饰。衣用织金龙凤纹加绣饰。

永乐三年改为皂彀冠附翠博山（额前帽花），上饰金龙翊珠一，翠凤衔珠二，前后牡丹二，花八蕊，翠叶三十六。珠翠花鬓二，珠翠云二十一，翠口圈一。饰珠金宝钿花九，口衔珠结金凤二。饰鸾凤博鬓三。金宝钿二十四，边陲珠滴。金簪二。珊瑚凤冠觜（zī音资，冠角）一副。黄大衫，深青霞帔，织金云霞龙纹，或绣或铺翠圈金（先用孔雀羽线铺绣花纹，再用捻金线圈绣花纹轮廓），饰以瑑（zhuán 音篆）龙纹，即雕有凸起龙纹的玉坠子。深青色绣团龙四癸袄子（褙子）。鞠衣红色，前后织金云龙纹，或绣或铺翠圈金，饰以珠。红线罗大带。黄色织金彩色云龙纹带、玉花彩结绶，以红绿线罗为结，玉绶花一，红线罗系带。白玉云样玎珰二，金如意云盖一，金方心云板一。青袜舄。一般命妇的常服，较之皇后的常服要简单得多。宫中女官还有着乌纱帽、圆领窄袖衫袍、束革带的常服形象。

明代命妇复杂繁盛的冠饰服制和缠足陋习，都带有封建社会束缚女权、压迫女性的特殊心态。繁复沉重的冠饰压得女子头不能抬，目不能斜视，繁杂的服制使女性无暇旁顾，只能听任父、夫、子的训命与引导，从小用裹脚布缠变了形的小脚，使女子步履艰难，但这一切却偏偏披着“美”的外衣来掩盖封建礼教摧残女性的真相，重温这段历史，应该唤起现代女性的警醒。

（二）民间女子的常服

褙子、狭领长袄长裙、比甲、四方服饰、水田衣、云样鞋都是明代庶民女子的常服。

1. 褙子

明代的褙子可做礼服用，又称为“披风”。庶民妻女可将大袖宽身的褙子做礼服。

普通已婚女子在家可穿窄袖褙子，乐妓只能穿黑色褙子，教坊司妇女不能穿褙子。

2. 狭领长袄长裙

这是明代士庶人家女子普遍服用的服装。《金瓶梅》中对此服有非常细致的描绘："上穿香色潞绸雁衔芦花样对领袄儿，白绫竖领，妆花眉子，溜金蜂赶菊纽扣儿，下着一尺宽海花潮云羊皮沿挑线裙子。"又如"上穿着银红纱白绢裹对领衫子，豆绿沿金红心比甲儿，白杭绢画拖裙子"。可见此时制作袄裙的面料非常精致，色泽艳丽。袄裙是明妇女的日常装束。此时关于服色搭配也有了一定之规，以色彩鲜亮、观者舒服为准则。来旺的媳妇上穿紫袄，下配绿裙，西门庆看见了感觉很可笑，于是赏赐了她一匹湖蓝色的帛去做条新裙子。总体上看，明代妇女对色彩搭配、图案选择、面料质地搭配都有一定要求，说明整个明代服饰的审美能力提高了。

3. 比甲

比甲类似于今天的马甲。比甲之制始于元，流行于明，无领无袖的比甲，穿着方便，经明代妇女巧手改造，将门襟处镶以醒目的图案缘边，增加了比甲的装饰效果，使其在方便实用的基础之上，更增添了审美的功能。这也是比甲流行的很重要原因。

4. 四方服饰

严格来说四方服饰并非具体指哪一种袄或哪一种衫，而是一种流行趋势，是明代的时世妆。尤其以秦淮河的女子为时尚的制造者。此服的主要特点是：淡雅朴素，不做鲜华绮丽，且衣衫的长短、袖的宽窄都随时变易。

5. 水田衣

水田衣类似僧人"百衲衣"，其色块交错，形如分割成一块块的水田，故得名。这种镶拼服装简单别致，装饰效果强。在贫富女子都要自己动手以示手巧的明代，这是既时尚又节约，还可见女红功底的一举三得的服装，深受妇女欢迎。

6. 云样鞋

明代缠足之风已渐盛，富贵人家女子的鞋呈弓状，有软底、硬底之分。因缠裹之足日夜不能放缠，再加之折断骨头畸变的缠足在赤裸的状态下，很难看，所以缠足女子在睡觉时也有各式软底睡鞋。因明的工商手工业很发达，弓鞋的硬底可以购买成品，然后自己上帮，鞋帮上的绣饰能充分体现女主人的巧思、巧手。明女子以大红弓鞋为时尚。弓样鞋、凤头鞋仍是明妇女的主要鞋式。

（三）妇女的发饰

按明制规定，未嫁女子做小髻或用金钗及珠饰头巾，婢使绾高顶髻，小婢则留丫鬟髻，乐妓戴明角冠，教坊司妇人不许戴冠。除此之外，明代妇女中还流行堕马髻、鬆髩扁髻、杜韦娘髻、高髻、圆褊髻、狄髻头面（假髻）等发饰。

（1）堕马髻。明的堕马髻与唐宋的堕马髻不同，不是偏向头一侧，而是整个髻向后垂。把头发直往后梳不分发路，鬟髻都向后垂，旁插金玉梅花一两对，前用金绞丝灯笼簪簪定，旁边各加插西番莲俏簪一两对，发股中用犀玉簪导一两支横贯固定。

（2）杜韦娘髻。杜韦娘髻又称茴香髻，嘉靖中禾妓杜韦创制此髻，故得名。此髻低小尖巧实心，不易蓬松，所以深受吴地妇女喜爱。

（3）高髻。明朝的高髻以铁丝为胎，高可达六七寸，万历年间蜀地的妇女用绫缎围头，梳高髻八九寸不用簪髻，这样的高髻看起来像方巾的样子。

（4）圆褊髻。圆褊髻流行于明隆庆年间，国髻顶像桃尖或鹅胆心，长圆形，所以得名，在髻顶常缀宝花或团花方块，少女喜用此髻。

（5）狄髻。狄髻又叫头面，是假髻的一种，也称“的髻”“狄髻”是以金银丝编成圆框，上蒙黑色缯帛；或用丝线、假发等编成髻状，使用时戴在头顶，上插若干簪钗首饰。明代妇女不论编成髻状，使用时戴在头顶，上插若干簪钗首饰。明代妇女不论贫富皆戴此头面。《金瓶梅》中就多次提到头面狄髻。明代妇女还喜在头髻上装饰包头、珠箍与勒子。

（6）包头。包头在明代很流行，也称“额帕”。一般用黑色的绫或纱做包头材料，每幅约宽 2 寸、长 4 寸。后改用全幅斜摺阔 3 寸裹于额上，垂后两抄再向糊做方结。年老者也用锦帕。

（7）珠箍。珠箍也是明代妇女喜欢的头饰。珠箍本是富贵家女子的爱好，但有时女妓、女乐外出时也有戴珠箍的。在正德年间，妇女还流行用珠络盖头，称为“璎珞”。

（8）勒子。以鲜花、布帛缠头，以使发髻整齐不露，还兼有保暖之意。

（四）明代妇女的装饰

明代妇女受儒家程朱理学思想的束缚，追求三从四德，所以面妆除敷粉、擦胭脂、涂口脂以外，少有其他装饰。隋唐五代那种妆满面、唯恐美不够的精神，在明代妇女身上已很少见。良家女子即使化妆也只是追求素雅清淡，少有浓妆艳抹。

第三节 男女首服

明代首服，除官定外，男子常用巾和帽，而重新开发的款式多注入某些统治意识。女子喜梳“高髻”，“假髻”也很普遍，“额帕”时行。下面简要介绍。

一、男子首服

明朝男子的巾，已成同定形状，用时按需选戴即可，无系带之累。江南地区有专营盔帽的店铺出售成品。据记载，整个明朝，前后出现过几十种巾帽。其中时行者为网巾、四方平定巾、六合一统帽等，多寓意性。

（一）寓意性巾帽

网巾：网巾是以黑丝绳、马尾或棕丝编成的网状物，用以包裹发髻。相传因明太祖推崇而兴。某天，朱元璋微行至神乐观，见道士灯下结网，忙问何物，道士答：“网巾，用以裹头，万发皆齐。”（郎英,《七修类稿》）这触动了太祖的治国之心，他由“发齐”想到了朝政管理的划一，遂颁式天下，无分贵贱皆用之，以取其象征之义。网巾又名“一统山河”“一统天和”。并规定，凡戴笼巾、纱帽者，必先戴网巾约法。因其约发完整、轻便透气，也颇受劳作之民众的欢迎。

四方平定巾：用黑纱罗制成，可以折叠，展开四角皆方而得名，又称“方巾”。其因形制简单，戴着适宜，为职官和士人之便帽。《明会要》记日：“洪武三年，士庶戴四带巾，改四方平定巾，杂色盘领衣，不许用黄。”此巾的时兴，据说还与名儒杨维祯有关。杨维祯，号铁涯，诗作在当时很有名，称“铁涯体”。他进见太祖时就戴此巾，太祖问其巾名，杨维祯随口奏道“四方平定巾”，寓江山一统。这使朱元璋大为高兴，诏命全国仿戴。

六合一统帽：以罗缎、马尾或人发制作，上部或平或圆，由 6 瓣或 8 瓣缝合，下有 1 寸左右宽的帽檐，亦称“小帽”“圆帽”。此帽原本为役吏卒厮人等所服，因其含“六方一统、国家安定”的寓意，故明王朝颁行全国。至清代又称“瓜皮帽”，成为士庶吏民都可戴之帽。

（二）乌纱帽

乌纱帽是用乌纱制作的官帽，圆顶，前高后低，两旁各展一角为饰，宽 1 寸多、长 5 寸余，后垂两根飘带。戴帽前先用网巾约发，使之挺实。乌纱帽系百官处理政务时所戴，是官服的组成部分。洪武三年：“凡常朝视事，以乌纱帽、团领衫、束带为公服。”状元、进士也可戴此帽。至于奏事、谢恩等重大场合，则用漆纱幞头。明代的乌纱帽也就成为官员的代名词，直至今日也说“别丢了乌纱帽”。可见明朝创制的乌纱帽的历史影响力。

忠靖冠：这是明世宗嘉靖皇帝仿照古玄冠样式，亲自绘图制定的冠式。从嘉靖七年至明末崇祯这一段时期，规定文武百官都须戴。这种冠以乌纱为面料，中部隆起呈方形，为三梁，梁缘用金线压边，冠后排列两山形，似两耳。以饰纹区分等级：三品以上饰纹样，四品以下用素地，边缘为蓝青色。该冠之所以取名为“忠靖冠”，是要大臣居家常想尽忠之义。嘉靖皇帝对此曾做过解释，即“进思尽忠，退思补过”。在此基础上，他还命礼部制作忠靖冠服，令七品以上文官和八品以上翰林及都督以上武官都必须穿戴这种冠服。

二、女子首服

明代女子首服贵者龙凤冠，上节已做介绍。“高髻”“假髻”“额帕”等，也是很有特色的妇女发饰。

（一）高髻

明初依宋元样式，后变化渐多，以梳高髻为尚，远望如男子纱帽，且上缀珠翠。又如“桃心髻”，将髻盘成扁圆形，顶部饰以宝石成花状。另有发髻、云髻，为宫中供奉女和官妻喜用之发髻。更有复活汉代之“堕马髻”的，头发梳理卷起上扬，挽成大髻，垂于一侧。明代仕女画中多有描绘。

（二）假髻

明代妇女戴假髻普遍，分两种：一是本身头发掺以部分假发，并衬以发展增加发髻高度。这种发展叫发鼓，以铁丝织成环状，外编以发，高视髻之半，罩于髻，再而以簪绾同定。其实物于江苏无锡江溪明华复诚妻曹氏墓出土。另有一式完全是假发的制成品，用时直接套在头上，更无须梳理，供已婚妇女选用，居家、外出均可戴，并有专门店铺出售。其形式多样，直时行至清初。

（三）额帕

明代妇女还喜欢用窄条巾帛缠裹额头、于脑后系结，以防止鬓发松垂散落。这就是明代盛行的酋服额帕，也称头箍，不分老少尊卑皆可饰用。初时较简单，后渐趋复杂，不仅要剪裁，还加上了团花珠宝装饰，又称“珠箍”。有时为取暖还把双耳盖住，称“暖额”。其材料多以兽皮为主，时尚者多选貂、狐之皮。老年贵妇还时兴加锦帛夹衬的。更有考究的用银丝编成网络，再镶嵌珠宝作为装饰，称“攒珠勒子”“珠子箍儿”。甚至出现珠翠装饰过繁，不似布帛之轻，而是颇有几分沉重。想来富贵者欲使额间装饰奢华，花费银两不算，还须得承担足够的分量，有的八九两。

明朝礼服之冕服制和十二章纹等，不仅是对汉唐礼仪的恢复和继承，而且创立了补服这特有的官服纹饰，以符号性的图案作为识别官员的标志，影响直至清代，可谓贡献突出。郑和七下西洋在传播中华文化的同时，海外的文化艺术也随着传入明朝，并在当时的文化生活中产生影响，其中对纺织品和服装的影响也是不容置疑的，这是研究明代服装史不能不注意的。

第六章　清代服饰

第一节　清代服制

作为我国封建社会的最后一个朝代，清朝服制的繁缛达到登峰造极的境地，这同然是为强化统治的需要，同时奢华的服饰也是满足和显示其优越的社会地位的象征。统治集团对服饰的大量需求，促进了清王朝染织业的空前发展。

一、清王朝染织业

清代的染织工艺较明代有更大的发展。清政府在江宁（今南京）、苏州、杭州等地设有专门的织造局进行管理，产品形成独立的地方特色，如江苏、浙江的绸缎，四川的织锦。棉织业也有较大的发展，不仅产棉地区扩大，而且棉布也成为大宗出口手工业品。

（一）官办民营

清王朝的染织业分为民营和官办两类。民营产品因出于谋生的需要，多做商品出卖，具有简洁、明快、纯朴的特点，行销各地。如浙江桐乡一镇“万家烟火，民多织作绸绢为生……花绸、纺绸，名色甚多，通行天下”（康熙时期，《桐乡县志》）。清初，朝廷对民营机户管理很严，每户织机不得超过百张，还课以重税。由于实际需求量的增加，至康熙五十一年（1712）不得不废除，染织业才得以继续发展。其工艺则更为精巧细致，一般的小作坊就可染出几百种颜色。据李斗的《扬州画舫录》记载，如红，就有桃红、银红、肉红、粉红、紫红等；黄又可区别出嫩黄、杏黄、姜黄、鹅黄等。至于绿、蓝等色，那就更多了。染织技术和工艺的发展，自然就为服装的繁丽打下了扎实的基础。

官营除江南地区诸织造局外，北京还有织染局，管理“缎纱染彩绣绘之事”，且分工极细，有挽花工、织工、刷工、牵工等。规模很大，南京的织机达到3万架，苏、杭等地也有千家织机的大型工厂。从而带动了与纺织业相关的行业的发展，如丝行、挑花行、机店、梭店等。鸦片战争后的上海，已成了著名的印染地区，工艺上有印花、刷印花等方法。特别是江南地区隶属内务府的以江宁、苏州、杭州为主的三大织造基地，生产专供帝王御用、宫廷开销及官员花费的织品。工艺要求很高，追求华丽的，不求效率，不惜工本，常常是5人同织一物，一天之内仅为数寸，可见堆饰之烦琐。

（二）三大织造

江宁织造所织之锦缎专供清宫御用。丝织品名目繁多，锦缎纹饰富丽多彩，犹如空中美丽的云霞，故有“云锦”之称。妆花是云锦织造工艺中最为复杂的品种，也是最具有江宁地方特色的代表性提花丝织品。妆花织物大量用金，配色丰富，工序繁多，注重晕色，有“织金妆花之丽，五彩闪色之华”的美誉。故宫博物院藏有大批妆花材料和用其制成的帝后袍服，有龙袍、朝服和清宫戏衣等。如“清初月白地云金龙海水妆花缎女帔”，整个图案与色彩呈现出光彩夺目、金碧辉煌的装饰效果，实在是戏衣中罕见的代表织品。

唐宋以来苏州就是丝织业发达的地区，至清代其生产规模更大。织机从明朝的173张增加到800张，丝织工从明朝的667人增加到2 330人。这既充分表明清朝对发展丝织业的重视，又足以证明清王朝对丝织品的需求巨大。清政府在这里设立了总织局和织染局，织造“上用”“官用”的各色纹饰之缎匹，以宫廷赏赐品为主，并以宋式锦和仿宋锦最为著名。故宫博物院所藏名为“清乾隆蓝地福寿三多锦”，是苏州仿宋锦的稀世珍品。“三多”，即以佛手、桃、石榴纹样为主。此锦锦面金彩辉映、富丽堂皇。由于织造技艺的精湛和高超，苏州宋式锦与江宁云锦、四川蜀锦并称三大名锦，闻名海内外。

杭州自宋以来，就是丝织业的重地。杭州织户比较集中，“杭州东城，机杼之声，比户相闻”。杭、嘉、湖三府一向是“产丝最盛”之地区。其主要丝织品为绫、罗、纱、绢、绸、纶丝、锦等，尤以素色织物、暗花织物产量最大。绫、罗、纱、绸、绢及“杭纺”，由于丝质好，织成物轻盈柔软、细腻而有光泽，且纹样清晰，因此很受清廷重视。朝廷所需的袍服，其大量的面料和衬里均出自杭城。

（三）管理严格

清廷内务府作为染织业的管理机构，对织造绸缎要求甚为严格。这主要体现在绸缎的长度、质地、纹样、颜色等方面，都有明确的规定。“敕谕”中常有“务要经纬匀停，阔长合式，花样精巧，颜色鲜明”的要求，如质量不合格，就须补赔罚俸或受鞭责。这些严厉的处罚措施，客观上也刺激了清代丝织工艺水平的日益精进，促使各织造间的技术协作和交流，使三大织造基地的工艺水平空前提高，以至获得“织造府所制上供平花、平蟒诸缎，尤精巧几夺天工”的极高赞誉。

二、清代服制

清入关后，发布剃发易服令，强迫汉族男子改变发式，依照满俗，剃发蓄辫。若“仍存明制，不随本朝之制度者，杀无赦”，采取“留头不留发，留发不留头”的血腥酷政，并强令汉族军民改穿满族服饰。生死与发式相连，史上罕见。因而民族矛盾甚为激烈。后清统治者接受了明朝遗臣金之俊“十从十不从”的建议：“男从女不从，阳从阴不从，官从隶不从，老从少不从，儒从而释道不从，倡从而优伶不从，仕官从而婚姻不从，国号从而官号不从，役税从而语言文字不从。”这才缓解了汉满间的矛盾。汉族服装因此也有了生存空间，汉族文化因而亦得以传承。

随着顺治九年（1652）“钦定”之《服色肩舆永例》的颁布，庞杂、繁缛、禁例程度远超前代的清王朝服装制度开始实行。

（一）帝王百官服制

清代作为中国最后一个封建王朝，其服制的繁缛是此前任何一个王朝都无法比拟的。

皇帝朝服：色用明黄，冬夏各二式，龙纹。胸前、背后及两肩绣正龙各一，腰帷绣行龙五，衽绣正龙一，襞积（折裥处）前后各绣团龙九，裳绣正龙二、行龙四，披领绣行龙二，袖端绣正龙各一，列十二章纹，间以五色云，下幅绣八宝平水纹样。朝服质地有棉、纱、夹、裘四种，随季节更换。故宫博物院收藏的朝袍款式与史籍记载基本一致，既华丽又端庄。

朝袍右衽大襟、圆领，袍身用纽扣固定，它具有历史的延续性。清王朝将历代宽大的袍袖做了符合本民族审美需要的改革。需要指出的是，“龙袍”作为一种服装的专用名称，并正式列入服制被确定下来的，正是清王朝。《清史稿·舆服志》有明确记载。

百官服装：文武百官的服装主要有袍和褂——袍上有蟒纹的称蟒袍；褂有外褂、行褂和补褂之分，另有马甲之制。下面分别加以介绍：

袍：清代主要礼服，以袍衩区别尊卑。皇室贵族的袍前后左右下摆开衩，而官吏士庶只在两侧开缝。京城《竹枝词》称：“珍珠袍套属官曹，开楔（衩）衣裳势最豪。”因其袖口装有“箭袖”，也叫“箭衣”。箭袖又形似马蹄，故又名“马蹄袖”。它是清王朝改革历代宽衣大袖的成功范例。其袖口的出手处上长下短，上长可遮护手背利于保暖，下短则便于拿取东西，这种窄小的马蹄袖服装更便于跨马，驰骋疆场，寓意常备不懈。早期马蹄袖窄小，只有十厘米宽，酷似马蹄。清中期以后，袖口逐渐放大，有的竟达三十厘米，马蹄早已失其形。清帝对这种不守祖训的状况，给予严厉训斥。嘉庆皇帝曾严词训诫：“我朝列圣垂训，命后嗣无改衣冠，以清语骑射为重……至大臣官员之女，则衣袖宽广适度，竟与汉妇衣袖相似。此风渐不可长！现在宫中衣服，悉依国初旧制，仍旗人风俗。日就华靡，甚属非是，各王公大臣之家，皆当力敦旧俗，倡挽时趋，不能齐家，焉能治国！”之于臣下劝取汉装的请求，清帝决不允许。皇太极告诫“宽衣大袖”，无疑是“待他人割肉而后食”！严令“有效他国（指汉族）衣冠束发足者，重治其罪”。乾隆亦曾说过：“所愿奕叶子孙深维根本之计，毋为流言所惑。”“衣冠必不轻言改易！”清朝统治者把服装的便于骑马征战与江山社稷相连，强调保持满族服装的特点，以永保江山万代，子孙后代就必须永不废骑射，永守满制服装。

蟒袍：官服中最为贵重的袍服当数蟒袍，因缀有蟒纹而得名，又称花衣，是职官、命妇的专服，穿在外褂之内；上自皇帝，下至九品均可服用，以颜色及蟒纹（包括蟒爪）的多寡分辨高下。皇太子用杏黄色，皇子用金黄色，亲王、郡王蒙赏也可用金黄色；一至品三品，绣五爪九蟒；四品至六品，绣四爪八蟒；七品至九品，绣四爪五蟒。不绣蟒纹的袍服，除颜色有些禁例外，一般人都可服用。

褂：清代特有的一种礼服；穿在袍服之外，不分男女，都可服用；有外褂、行褂和补褂之分。穿着在外的称"外褂"，俗称"长褂"，又称"礼褂"；便于行走、马上奔驰的，称"马褂"，俗称"短褂"，或叫"行褂"。其制有对襟（做礼服）、大襟（为常服）、缺襟（又称"琵琶襟"，襟下截去一块，用纽扣固定，以便骑马行走，故也叫"行装"）。其领多为圆领，平袖口。

清代的褂以黄马褂为贵，非皇帝赏赐不可服。所赐对象大致有三类：随侍皇帝"巡幸"的人员，称"职任褂子"；随皇帝行围打猎射中猎物受赏者，亦称"行围褂子"，俗称"赏给黄马褂"；功勋卓著的文武要员，被"赏穿黄马褂"，任何时候均可穿着，称"武功褂子"。黄马褂饰物辅件有所区别：前两种黑色纽襻，后一种为黄色纽襻。得此褂者，是清政府赐予高级将领的最高荣誉，其主要事迹须载入史册。黄马褂纽襻的颜色是区别地位的又一显示物。

补褂为职官所穿之礼褂，前后开衩，胸前背后正中各缀一方形、纹样相同的补子，故称"补褂"。根据官员品级绣上不同的纹样，即文禽武兽。这是清代袭用明代职官服装的主要服饰。

马甲：马甲也有叫背心的，北方称"坎肩"。这种服饰本属朝廷要员服用，称"军机坎"，后流传于一般官员，成半礼服。还有种多纽扣式的叫"巴图鲁坎肩"，满语"勇士坎肩"，又称"一字襟式马甲"。因其当胸有一排纽扣，共 13 粒，也称"十三太保马甲"。其后又成为士庶男女的常用服装，有对襟、大襟、琵琶襟等，式样窄小，多穿在里面。

（二）后妃贵妇服制

皇后礼服：皇后礼服包括太皇太后、皇太后的礼服是朝服，有冬、夏两种，由朝冠、朝褂、朝袍和朝裙等组成。

朝冠，冠顶有三层，每层一颗大东珠和一条金凤，帽周另有 7 条金凤相围，上嵌猫金石、珍珠等，其中东珠数量较多；帽后垂有用 300 多颗珍珠装饰的金翟。

朝褂，形似坎肩，有三种形式：一是通身打裥；二是中间打裥；三是无裥。

前后绣两条立龙，下裾八宝平水，衣裙下绣福寿纹饰，即所谓万福万寿。

朝袍，冬有三式，夏有两式，颜色以明黄色为主，披领和袖为石青色，袖为马蹄袖。披领、袖端等处均饰龙纹。冬夏朝袍的区别主要是有无褶裥和上饰龙纹的形态。

朝裙，穿于朝褂和朝袍之中，面料因季节而不同，冬季穿的朝裙面料为织金缎，上下纹样不同，上是红织金寿字缎，下为石青行龙妆缎，有裙褶，都是整幅。胸前垂绿色彩帨，上绣稻谷纹和一宫灯，取"灯"与"登"之谐音，寓五谷丰登之意。夏季朝裙以缎纱面料为主，其余与冬朝裙相同。

妃嫔礼服：贵妃、妃、嫔等人的朝冠、朝褂、朝袍和朝裙，其形式与皇后的基本相同，然所饰的珍珠数目逐级递减，不能用明黄色，朝袍只能是香色。

贵妇服饰：贵妇服饰由风冠、霞帔等组成。霞帔沿用明代，但比明代更为宽大，中辍补子，下饰彩色流苏。服装皆用锦缎精绣，绣有象征性的四季花卉：冬季梅花、春季牡丹花、夏季荷花、秋季菊花。“所有宫内宫外的朝臣妻子服饰皆要绣花，若不合季式，还得领个抗旨罪名。”

（三）首服佩饰

清代服制，除袍服的整套系列外，还须冠帽的配合，以至形成一个完整的帝王后妃的服装的识别系统。男冠主要有礼帽、便帽。

男冠礼帽：即大帽子，有暖、凉二式。

帽顶分别缀有红、蓝、向诸色之顶珠，是区分职官品级的重要标志（详后列表）。珠下还有一根孔雀翎毛垂于脑后，称“花翎”，有单眼、双眼、三眼之别，无眼则称“蓝翎”。眼，即翎毛尾部如眼睛一样灿烂鲜明的一团花纹，以三眼为贵。按清制，亲王、郡王、贝勒等宗室贵族不戴花翎。只有领兵及随围时才戴，但正式典礼仍不戴。乾隆朝，亲王兼办军务，故也戴三眼花翎。至同治年间，郡王、贝勒、贝子也戴上三眼花翎，公戴双眼花翎。上列五等属于臣僚最高级，所以赏戴花翎不仅是一种荣誉，而且还是一个特殊阶层的象征。清初赏戴花翎很严格，一般不轻易授予。乾隆以后，逐渐放宽，到嘉庆年间，甚至花上 200 两银子就可以捐到。清代后期，也有汉官佩戴花翎，李鸿章受赏戴三眼花翎，着双龙补服。其他如曾国藩、曾国荃、左宗棠等曾受赏戴双眼花翎。最后，连太监不能戴花翎的戒律也被冲破，李莲英就破例受赏戴过孔雀翎：蓝顶蓝翎，而不许用红顶。

后妃冠服：清代帝后妃嫔的冠饰须与服式配合服用。据《大清会典》《清史稿・舆服志》记载，凡庆贺大典，皇后冠用东珠镶顶，服用黄色、秋色（金黄色），五爪龙缎，妆缎，凤凰，翟鸟等缎，随时酌量服御。贵妃冠顶东珠 12 颗，妃冠东珠 11 颗，礼服用凤凰翟鸟缎，五爪龙缎，八团龙缎，俱随时酌量服用，黄色、秋色不许服用。妃嫔冠用东珠 10 颗，礼服用翟鸟缎、五爪龙缎、四团龙缎等，黄色、秋色不许服用；固伦公主（皇帝的女儿）冠顶大簪舍林，项圈各嵌东珠 8 颗。

披挂制度：这是清代服制的重要组成部分。首先，是朝珠 108 颗，以及 3 串小珠组成，文五品、武四品以上及命妇佩于颈胸的专有饰品。男女佩法不同，男两串在左，女则在右。其次，革带也是男子的重要饰物，上嵌各种宝石，挂满各种饰件，依职官品级服用。

第二节　士庶百姓服装

一、男子服装

清男子常服是指除官定服饰以外的日常所服，也包括官员的便服，主要有马褂、马甲、衫、袍、裤、帽等。

（一）马褂

清马褂较外褂短，长仅及于脐，因著之便于骑马，故得名。清初马褂本为营兵所服，康熙时只富贵人家有穿服，自傅恒远征金川时喜着对襟马褂始，清朝朝野无论男女渐渐喜欢穿这种方便的衣服做便服。马褂一跃成为清男子常服的主流。马褂有长袖、短袖、宽袖、窄袖、对襟、琵琶襟诸种式样。马褂一般穿在长袍衫外面，长仅及脐，袖口平齐，穿脱方便。

马褂因为是便服，所以它的变化极多，对襟马褂初兴时，尚天青色，至乾隆中期又改尚玫瑰紫，乾隆末年又时尚深绛色；嘉庆时尚泥金色及浅灰色，夏天纱制则都用棕色。到光绪、宣统年间流行宝蓝、天青、青灰色，南方甚至有用大红色的。除服色之外，嘉庆年间的马褂用如意头镶缘，至咸丰、同治年间则流行大镶大沿，使原本的材料难露面目。除以上的流行时尚外，在冬季还流行翻毛皮的马褂，即将毛皮的皮板朝内，将毛露在外表，此马褂充分满足了富贵者耀富的心理要求，贵重的玄狐、紫貂、海龙、猞猁狲、干尖、倭刀、草上霜、紫羔等放眼望去，立呈眼底，大富大贵挂在身上，服饰的符号性在此体现得淋漓尽致。

（二）马甲

马甲又称“背心”“坎肩”，有一字襟、对襟、琵琶襟、大襟几种款式。单、夹、棉、纱都有，服色与马褂相同。著名的款式有“巴图鲁坎肩”，也叫“军机坎”。此式一字襟，前后胸背片皆用纽扣与领相连，如果乘马着此服，加脱方便，俗称“十三太保”。马甲一般用绸、纱、缎制作，在清代较为流行的颜色有宝蓝、天青、酱色、天色、泥金等。

（三）衫、袍

清代的衫、袍和前代不同，有长衫袍、短衫袍和衬衫之别。长衫袍在清初时，长仅及髁，但到甲午、庚子年以后长衫的长度则长覆足面。短衫袍是一般劳动者劳动时穿着的衫袍，长不及膝，有的仅过腰，短衫袍也就是后世所说的袄。

清代的长衫、长袍在穿着时，往往要在其上加穿马褂或罩紧身短马甲，往往有“长袍马褂”之称。清长衫的材料常取御寒的厚料制作，而长袍的取材往往又是轻纱之类的，颇有特色。在庚子年以前，清的袍衫以宽大为主要流行趋势，宽松的袖口可至一尺余阔。庚子年以后，由于受洋人西服灵便的影响，袍身紧窄，袖也只可容臂，特别时髦的款式形不掩臀，偶然一蹲，辄至破裂，这也是时髦男子学西服紧身合体以致东施效颦的结果。短衫袍因为劳动人民所着，所以为方便劳动起见，多宽松适体，少有流行变化。

清的长衫除用作外套之外，还可以穿在礼服内做衬衫用：一方面掩盖礼服开衩处欲外露的内裤；另一方面可防开衩处贵重的裘皮毳毛随步行活动的频繁而磨损。衬衫因穿在礼服里，便有了许多可以减省之处，诸如有时可以去两袖，有时可以上衣用布而下裳用绸，在腰处相连，还美其名曰“两截衫”。

关于长衫的材料，清人多用丝织物，但一般也有许多人用布料做长衫。清代的棉织、印染工艺很发达，已成为江南农村主要的家庭手工业之一。松江布、南京布、麻棉混纺布、色织布不仅质地精良，而且色彩质朴悦目。尤其是其中的南京布外销欧洲，成为英国士绅阶层的服饰用料。

清长袍衫的颜色多用月白、湖色、枣色、雪青、蓝、灰等色。短袍衫是劳作之服，一般用黑、灰、蓝等耐脏的色。衬衫多用白色、玉色、油绿、蛋青等清淡干净的中间色。这也是符合衬衣作为过渡性衬托色的特性。

（四）裤

清代的裤有合裆裤和套裤之别。合裆裤与明代的裤式无差别，不同只在穿着时，为行动方便，常将宽阔的裤脚用丝布织成的扁而阔的扎脚带在近脚髁骨处系扎起来。无论冬夏，此习俗不变。除合裆裤之外，清代还流行上口尖而下裤脚平，穿时会露出臀部及大腿后面上部的套裤。此裤可用缎、纱、绸、呢等做成绵、夹、单各式。因其方便实用颇受各阶层男子的喜好。在满族及苏北妇女中亦多着此裤。

（五）帽

清代的帽有冬秋季专为保温御寒而制作的毡帽、风帽、皮帽、狗头帽，也有夏季防晒、遮雨的笠帽、凉帽，还有四季皆可通着的六合帽（俗称瓜皮小帽）。

（六）毡帽

毡帽沿袭元明旧制，不过花样更多。其主要形式有农民及市贩劳动者所戴和官宦士人家居时所戴两种。平民所戴款式有大半圆形平顶、半圆锥状顶、半圆平顶后有耳前有檐。而士大夫所戴的则是在以上式样上加金线蟠缀成各种花样。风帽，是清代男女老幼都喜欢的御寒首服，有夹的、棉的或皮的。风帽形式以绸缎或呢为料，类似观音大士所戴的观点，所以也有“观音兜”之称。风帽的形式有长有短，短只及肩，长可达脚踝。所以长风帽与披风的区别只在有无帽。狗头戴是孩童的防寒帽，左右因有两个类似于狗耳朵的掩耳装饰，所以叫“狗头戴”。

（七）笠帽、凉帽

笠帽、凉帽的材料有竹、藤、麦秆等。其形状与前代相同，多为农夫渔夫所戴，不过清末袁世凯韬光养晦时，也常戴笠帽去钓鱼。

（八）六合帽

六合帽又称“小帽”、六合一统帽、秋帽、西瓜皮帽。此帽沿袭明式六合一统帽。帽做瓜棱形圆顶，后又流行圆平顶。帽胎分软、硬二式，材料有黑缎、纱，是清代流行最广的首服。清式的小帽与明式的不同在于，清帽檐有锦沿，锦沿上富贵人等常镶嵌明珠、宝石，除此之外，帽顶也常用红绒结顶，顶后还要垂缦尺余，这些都是明小帽上所无的。所以在《桃花扇》中有一经典镜头，当历经亡国之痛后重见侯方域的李香君，在与侯百感交集地对视中，无意间抬眼看见侯方域头戴六合帽上所镶的玉石，突然醒悟过来——全身裹在披风中的侯方域已经换装，一段倾城之恋就在这一刻静静地分崩离析了。当然清代的六合小帽也有不嵌珠玉的，但清代的六合小帽与明代的六合一统帽在形状上也不同，清代较之明代的六合帽要矮平一些，用藤、竹编结的帽盔更扁圆一些。

二、妇女的服饰

清代妇女的服饰分两大类：一类是满族妇女的旗装，其中包括命妇的朝冠、朝褂、吉服褂、朝袍朝裙、蟒褂蟒袍以及平常满族妇女的袍、长背心、短马甲、衣、裤、裙等。另一类是汉族妇女的服饰。清初虽实行过严酷的“剃发令”，但为缓和民族矛盾，对汉族中的某几类人实行暗中让步。这就是通常所说的“十不从”。即“男从女不从，生从死不从，阳从阴不从，宦从隶不从，老从少不从，儒从道不从，倡从而优伶不从，仕宦从而婚姻不从，国号从而官员不从，役税从而语言文字不从。”从其中“男从女不从”可以了解到汉族男子无论入仕与否，都要改换满人装束，但深居闺阁的女性则免除了换旗装的民族屈辱。所以，清的汉族妇女都穿明式服装，上身着袄、衫，下身束裙，有的再加上一件较长的背心。发展至后来，有些妇女为方便起见，就不束裙而只着裤子。

清初建国时，满汉是不能逾制的，满族妇女逾制者要治其父兄罪。但随着时间的推移，清中后期满族妇女中“大半旗装改汉装，宫袍截作短衣裳”，此言周锡宝先生认为有些夸大，但清末满族妇女学着汉装并非个别现象。此时的南方汉族妇女也有着旗装梳一字头的流行时尚。

（一）清命妇服饰

（1）朝冠。皇太后及皇后的朝冠分冬夏两种。冬朝冠一般用貂皮，上缀朱纬，顶三层，贯东珠各一，皆承以金凤。饰东珠各三，珍珠各十七，上衔大东珠各一，朱纬上周缀金凤七。饰东珠各九，猫晴石各一，珍珠各二十一。后金翟一，饰猫眼石一，小珍珠十六，翟尾垂珠，五行二就，共珍珠302。每行大珍珠一，中间金衔青金石结一，饰东珠、珍珠各六，末缀珊瑚。冠后护领，垂明黄条二，末缀宝石，青缎为带。夏朝冠与冬朝冠形式相同，唯质地不同，夏朝冠用青绒。

（2）朝褂。皇太后、皇后朝褂有三式。

类似于汉族民间女子的褙子，褙子呈I型，不挖袖笼；朝褂呈A字形，挖袖笼。

当然就做工而言，民间女子的褂子是无法与皇后、命妇的朝褂相提并论的。朝褂的三种式样也主要以绣文的内容区别：一式前后各绣立龙两条；二式前后各绣正龙一条；三式前后各秀丽龙两条。前两式在腰有襞积，使上下呈相连的两截，一式下载上绣万寿万福，二、三式在腰帷绣行龙四条，下幅行龙八条。三式简单一些。命妇的朝褂绣行蟒，其他与上述同。

（3）朝袍。皇太后、皇后的朝袍有五种款式。冬朝袍三种，夏朝袍有两种。冬朝袍第一款是：明皇色，披领及袖都是石青色，片金加貂缘，肩上下袭朝褂处亦加缘，绣金龙九条，间以五色云，中间没有襞积，下幅八宝平水。此外，在披领处绣行龙两条，袖端绣正龙各一条，袖相接处绣行龙各两条。领后垂明黄条。第二、三款与第一款近似，不同之处在于加缘与绣龙不同。第二、三款的缘同为片金海龙缘，其余与一式同。夏袍的二款与冬袍的一、三式相同，但去了貂缘和海龙缘而只加片金缘，也是为了符合夏制而已。

各级命妇的朝袍大致与皇太后、皇后的朝袍相似，也有一些根本区别。首先，不能用明黄色，只能用蓝或石青色；其次不能用龙绣，只能用四爪蟒绣；最后领后所垂条饰也只能用石青条。

（4）朝裙。皇太后、皇后的朝裙分冬夏二式，夏朝裙，上用红色织金寿字缎，下用青色行龙妆缎，都用正幅。上下幅用襞缝相连成一整体，一般穿着在外褂内，开衩袍之外。其他命妇的朝裙与皇后的朝裙款式相同，唯质地不同，上幅用红缎，下幅用石青色的行蟒妆缎。

（5）龙袍、蟒袍。这也是皇太后、皇后与众皇子之妻的重要礼服之一。皇太后、皇后称龙袍，有三种款式，服皆明黄色，唯领袖用石青色，皆绣龙纹，袍裾左右开衩，各式的龙纹略有不同，有正龙、团龙之分。皇子福晋所着因只能绣四爪蟒纹，所以又称蟒袍，服色皆用香色。其他例子妇用石青或其他颜色、绣纹依等级不同可以是九蟒、八蟒、五蟒等规格。

除以上的冠服之外，从命妇的服装上还有领约、彩帨、朝珠等必不可少的配饰。

（二）清满族妇女的常服

（1）旗袍。满族妇女的服饰，除上述官定制式之外，还有满装长袍，也就是后世所称旗袍的前身。此类长袍，前期领头较低，领口较小，多呈“P”型，穿着时通常以一条领巾围颈。袖口平而且肥大，袍身呈“A”字形，肥大宽松，长可及脚踝处。后期尤其接近辛亥革命前夕，此袍领口、领型未变，但领头逐渐加高，颈巾也渐去，A字形的袍身开始向合体化发展，袖口依然肥大，但袖长变短，渐渐合身的旗袍在爱美女子的身上曲线玲珑已成不可挡之势。

在着旗袍时，满族妇女会固定搭配一件长及腰间的坎肩（也叫马甲或背心）。这件坎肩可以是对襟、一字襟、琵琶襟、大襟、斜襟等款式，随着流行趋势，领头也由低向高发展，而且镶滚的花边也各随所爱，由简到繁，以至多重镶滚喧宾夺主。

（2）马褂。马褂款式有挽袖（袖比手臂长的）、舒袖（袖不及手臂长的）两类。衣身长短肥瘦的流行变化，情况与男式马褂差不多。但女式马褂全身施纹彩，并用花边镶饰。后妃所用者也是由宫廷画师先按主子的意向画样，由内务府发交各地制作。有的画样是按原大尺寸画的，有的是按比例缩小画成小样，再附原大的纸样（裁剪图）的。北京故宫博物院还保存着一批清宫的马褂设计图样，内有一份光绪年间的"整枝金银海棠石青绛丝马褂"（黄箴墨书原名）的图样，实大尺寸为身长 70.5 厘米，半袖通长 91.3 厘米，袖口宽 35.5 厘米，下摆 42.5 厘米，中云头高 32 厘米，侧云头高 25 厘米，外边侧 6 厘米，外边下 5.3 厘米，内边 1.8 厘米，腋下宽 37 厘米，腋上宽 36 厘米，领托边 6 厘米，领托云头高 27.5 厘米。

花纹实际是满地散排的折枝海棠花。只画出马褂前身右半侧原大的结构款式，将领托及领托右侧的一部分加染色彩，其余部分为单线勾描。此外还有"桂花兰花马褂""金银墩兰马褂"（宝蓝地）、"蝴蝶马褂"（石青地）、"金万字地藕荷色喜字百蝶马褂""三蓝百蝶马褂""桃红碎朵兰花马褂""玉色整枝海棠马褂"等花样。

又石青江绸细绣钩金五彩大蝴蝶马褂 1 件，身长 2 尺 3 寸，地子合用 2 尺 8 寸宽加重石青江绸 1 丈，净绣 19 方 2 寸，绣匠 422 工，四分工，每工银 2 钱 6 分，核银 109 两 8 钱 2 分 4 厘。边里地子用元青江绸四尺五寸，雪白江绸 3 尺，共织 7 尺 5 寸，净绣 9 方 6 寸。绣匠 210 工，核银 54 两 9 钱 1 分 2 厘。以上绣江绸马褂面随便绣 1 件，共工料钱 227 两 3 钱 1 分 4 厘。

（三）清汉族妇女服饰

汉族妇女的日常装束前文已交代，仍沿袭明制，主要以袄、衫、比甲、裙为主。只是到清末，流行下身不束裙而只穿裤。

（1）袄衫。嘉庆朝以前，清汉族女服的流行发源地在苏州，各方取法苏式为样。其款式主要有：琵琶襟、对襟、大襟，身长 2.8 尺，袖阔 0.2 尺。只在袖口处镶以彩条或皮毛镶滚。嘉庆至同治年间，清汉族女服的流行发源中心向扬州、南京转移，时尚的推动力也与前朝不同，在奢靡繁华的扬州，曲院中的妇女成为时尚的制造者和推动者，贵族妇女、良家女子，也只能是亦步亦趋的学样而已。到光绪年间，服饰流行的中心移至上海，各地的风尚唯上海马首是瞻，袖口、衣襟仍加镶滚，上衣的长度、裤管的长度统统减短，而领口、袖口的镶滚不再以阔取胜，而是以窄镶多道为时尚，裤管也不例外，领头渐高。张爱玲在其小说中所言：清及民国几百年妇女皆着同一款式的服装，斯言不确，因为清代的妇女与今日之时尚妇女不同，今天的职业妇女在稠人广众中追求的是如何彰显个性，而清代、民国的妇女在大门不出、二门不迈的深闺里，偷偷地追求的是如何彰显女性的性别特征。所以，清代女子的流行时尚是静悄悄地进行着的改良。这种静悄悄地改良不仅体现在袄，衫的镶滚，衣领的高低、裤脚的宽窄上，而且还表现在围巾、腰带、手帕、耳环、指环、臂镯和眼镜这样的附属饰品的细节变化上。以腰带为例，腰带在清初的功能主要是实用，所以多束于上衣内，属亵物，男女互赠就有私订终身之意，但到同治年间，腰带不仅颜色鲜艳，用料阔绰，且要垂于上衣之外，露在裤外，有流苏装饰，完全演变为时尚装饰物了。眼镜光绪年间传入民间之后，妇女也将它作为一种显示品位、学识的装饰物大加利用。可见时尚与流行一直是清服饰史上的一个重要内容。

（2）背心。背心是清代满汉妇女皆喜穿着的无袖上衣之一，有绵、夹、单之分。其长度有及腰与及膝下之别。镶滚之流行与袄衫相同。

（3）裙子。清代的汉装裙服较之前代略显单调，虽在细部极工尽美，但总体上除“百裥”一法，别无其他形式变化。

（4）裤。清代汉装裤沿袭明免裆的旧制，大腰免裆，无前后片之分，裤口的肥瘦依时尚变化，总体上清初尚肥，中晚期尚瘦，裤口部分随时尚加镶滚如意头。清中后期民间女子多去裙只着裤。北方冬季还有老妇人在裤外再加套裤或膝裤、裹腿者。

（四）满汉妇女的脚服

鞋。清代满汉妇女的鞋各具特色。满族妇女着旗装，穿“花盆底”的鞋。这种鞋木底极高，普通的底在1~2寸间，时尚高度可达4~5寸。因此底上宽下圆，形似花盆，故得名。木制鞋底极坚固，现此鞋还有大量存世，穿此高底鞋者，多为年轻女子，满族老年女子则多著平底鞋。鞋的流行与当时的社会环境有关，明清汉族妇女缠足之风越演越烈，女子不论相貌美丑，皆以脚小否为妍媸之标尺，再加之明代汉族妇女已有穿高底鞋显示纤足瘦小的流行时尚。所以，在此大背景之下，满族女子为显示自己的女性姿态美，以木底示人也减少一些旗女天足的尴尬。

慈禧太后穿的高底鞋，把鞋头做成一个凤头形，嘴衔珠穗，称为凤头鞋。她接待外宾时，穿着一身都有凤头衔珠串的衣服，走动时珠串随着摇晃摆动。这种凤头鞋大概是由清初的厚底凤头鞋发展而来的。《扬州画舫录》谓：“女鞋以香檀木为底。在外为外高低，有杏叶、莲子、荷花诸式，在里为里高低，谓道士冠，平底谓之底儿香。”慈禧穿的珠履，四周都用大珍珠镶嵌，耗银70万两，辛亥革命后被太监小德张拿出宫去售卖，索价银洋50万元。妇女受女真人削木为履的风习影响，穿木底鞋，称为“旗鞋”。其特点在鞋底中间脚心部分有一个高出10厘米许的高底，高底的形状有的像花盆，称为“盆底鞋”，有的像马蹄，称为“马蹄底鞋”。鞋跟都用白细布裱蒙，鞋面用刺绣、穿珠绣等工艺施加纹饰，

袜清代袜子一般用布制作，贵族用绸缎等制作，故宫所藏清代皇帝的袜子，一般以织金缎缘口边，有的通绣纹彩，有的将袜筒上端施加彩绣，下段以素色丝绸缝接。汉族女子此时普遍缠足，小女孩从4~5岁开始缠足，脚骨严重畸形，形成三寸金莲式的小脚，相应的鞋也以瘦小为时尚，有杏叶、莲子、荷花、道士冠等式样，鞋底以木片为衬，高跟隐藏于鞋帮之内，与“花盆底”的高低相较，此类高底鞋和今天的高跟鞋更近似，李渔在《闲情偶寄》中认为“鞋副县长高低，使小者越小，瘦者越瘦，可谓制之尽美又尽善者矣。……有之则大者亦小，无之则小者亦大。尝有三寸无底之足，

与四五寸有底之鞋同立一处，反觉四五寸之小，而三寸之大者”。除高底之外，汉族妇女还以香料填充鞋底，使行步霏霏，印香于地。高底鞋外，为防缠足之脚放形，汉族妇女还有穿睡鞋的习惯。睡鞋一般以软缎为底，鞋底一般以软缎为底，鞋底、鞋帮均施彩绣，考究者珠玉装饰，并洒以香料，颜色也以大红为最美。在广东，因高温多雨，妇女常穿绣花高底拖鞋，这和“旗鞋”是不同的传统。上海地方除绣花鞋外，还流行画屐。青楼女妓特制一种香底鞋，将鞋底镂空做小抽屉形以放香料，或放进一个小金铃，走时发声，则又是一种别出心裁。

第三节　太平天国服装

服饰作为人类物质生活中的一大要素，是人类文化和社会生活最直接、最生动的反映，同时也和各个时期的政治制度、意识形态及宗教信仰有着密切的关系，除了满足人们的生活需要之外，还代表着一个时期、一个地区的文化，也是社会文明程度的重要标志。自从服饰走出了以遮体御寒为唯一目的的时代后，其功能就日趋复杂，逐渐成为政治的一部分，服饰制度也成为君王施政的重要制度之一。150多年前，洪秀全在偏远的广西金田率众起义。短短两年后，这群当初大多衣衫褴褛的造反者竟“舆马服饰即有分别”。有鲜衣华服者，身裹绫罗绸缎、头戴金绣朝帽、脚蹬方头缎靴；也有依旧赤足泥腿、原衣杂色者。仅以红巾扎头为标志，自上而下，由官及民，形成了等级分明、形式多样、不拘一格的太平天国服饰制度。太平天国的服饰，由其特定的历史背景与文化氛围所决定，形成它独特的风格，反映出其固有的文化特色，在中国服饰发展史上占据了一席之地。本节将从太平天国服饰制度谈起，对太平天国服饰文化形成的原因进行具体分析，试图揭示出其深层的文化背景。

一、蓄发明志、红巾裹头与森严的冠冕制度

清王朝入主中原之初，在服饰制度方面，一度保持着满汉两民族之间的暂时妥协。至1647年，清朝统治者为避免占人口少数的满族人被汉族人同化，保持并推行其固有的尚武之俗，开始诏定官民服饰之制，极力推行满族的衣冠制度，强迫汉人剃发留辫，以“剃发”作为归顺清朝统治的象征。“留发”与“留头”的问题作为满汉矛盾的突出表现，贯穿了清朝统治的始终。

太平天国从金田起义时就一律蓄发，发式成为其最具代表性的反清标志。清统治者规定，凡剪发剃须刮面，都是不脱妖气，斩首不留。“长毛”“发匪”“发逆”等词语更成为清朝对太平军的诬称。太平军用丝绒编成绦子，紧扎发根后，将发挽髻，以所余的绦子盘在髻上。将军以上的用五彩丝绒编挽，将军以下的用红绿丝绳编挽，无职位短发者打红辫线，长发者有的挽髻，再插上妇女所用的银簪，亦有扎网巾及披发者。太平军还以包巾颜色、长短分别新旧尊卑，“兵及新虏之人皆扎红巾，伪官与老长发则

包黄巾，旅帅以下黄布巾，以上黄绸巾。拖长一寸，官大一级”。故当时百姓对太平军又有“红巾”“红头”之称。

太平天国建都天京后，东王杨秀清认为在“万国来朝之候，太平一统之时，须明定制度章程，以壮天父之威风”，于是奏请天王明定朝帽制度，于是将领的冠帽有角帽、风帽、凉帽之别。各王角帽又名金冠，以龙凤数目代表职位高低。天王角帽用双龙双凤，帽额上绣一统山河，下绣满天星斗；东王角帽用双龙单凤，帽额绣单凤栖于云中；北王角帽亦用双龙单凤，帽额绣单凤栖于山岗；翼王角帽亦用双龙单凤，帽额一边加绣一蝶，内绣单凤栖于牡丹花中。诸王角帽以纸骨制作，雕镂龙凤，粘贴金箔，冠前立花绣扇面式冠额，中列金字王号。诸官角帽又名朝帽，也是纸骨贴金制成。帽额中列职衔，有功勋、平湖、监试各功绩的，也标在帽额上。风帽、凉帽之制也大体类似。诸王全黄风帽，侯至两司马则红风帽黄边，以黄边宽窄分官职高低。“两司马风帽镶一寸黄边，官大一级，黄边加宽二分，加至伪侯，黄边宽至三寸二分。”战时士兵则戴竹盔。由于太平天国冠式造型较为奇特，时人常称之为“戏班行头”。

二、从“布衣褴褛”到等级分明的官服制度

1852年9月，当太平军围攻长沙时，“尚皆布衣褴褛，缝数寸黄布于衣襟，以为记号，囚首垢面，鹑衣百结者，比比皆是”。即使是天王洪秀全、东王杨秀清，也只是红袍红风帽而已。至1853年初攻克武昌时，太平军对这些繁华都市里的绚丽服饰，甚为喜爱，但来自社会底层的士兵并不能辨识这些华丽昂贵的服装，于是就有“裂妇女红蓝裙裤以帕首者”，有“拆金绣挽袖以系腰者”，有“着妇人阔袖皮袄者”，有“以杂色织锦被面及西洋印花饭单裹其首都”。

定都天京后，在政治局势相对稳定，亦有一定物质基础为后盾的条件下，太平天国制定了较为完备的官服制度，对不同职位者的着装作出种种规定。诸王至丞相穿黄缎袍，检点着素黄袍，指挥至两司马皆素红袍。其袍式为“无袖盖窄袖一裹圆袍”，天王袍上绣龙九条，东王袍绣龙八条，北王袍绣龙七条，翼王袍绣龙六条，燕王、豫王袍绣龙五条，侯至丞相袍绣龙四条。监军以上着黄马褂，军帅以下着红马褂，并以金龙、牡丹等图案来区别地位的高低。天王马褂绣九团龙，东王马褂绣八团龙，北、翼、燕、豫各王马褂绣四团龙，自侯至指挥皆绣两团龙，并都将衔号绣于胸前团龙正中。自将军至监军黄马褂前后绣牡丹二团，军帅至旅帅红马褂前后绣牡丹二团，前面一团亦绣其衔号。卒长、两司马着红马褂，无绣花，其衔号俱刷印于马褂前后，并有金字、红字、黑字之分。这些服饰均由各典袍衙、绣锦衙生产。“典内衣裳凭人取，袍上云龙伴我行”，这副张贴于典袍衙门前的对联就清楚地说明了这点。

由于经济条件有限和战事频繁，这些烦琐的规制在太平天国下层官员中并未得到严格地执行。“多赭衣若囚，虽任伪官，并不能一服伪官冠服也”，还有“外出虏粮之贼，职仅总制，竟僭用检点冠服”，亦有“虽尊至指挥，仍敝衣粗服，视伪冠服如桎梏”者。太平军每到一地，常将搜来的地主士绅的长袍截为短衣，“城内布帛衣裳，贼皆任意割

裂”。据记载：太平天国“向不准著长衣，惟朝会则红衫黄马褂……后有令谓当习体统，平日须长衣，即大衫夹袄也”。

清军士兵服装为短衣窄袖、紧身袄裤及加镶边的背心，在胸背各作一圆圈，圈内书“某省、某队、某营、某哨”或书“兵”“勇”“亲兵”等字样。如是水兵，则在襟前缝“某船”字样。而太平天国士兵“打仗必穿号衣……老贼与有官者穿红黄小袄……而不着号衣”。号衣即背心，各王统下的士兵，号衣颜色有所不同。天王统下为全黄无边，东王统下为黄色绿边，西王统下为黄色白边，南王统下为黄色红边，北王统下为黄色黑边，翼王统下为黄色蓝边。将军以下所属则为红色号衣。胸前刷印“太平”二字，身后写第几军圣兵数字，或某衙听使数字。这种在衣服上刷印所属部队的做法其实是沿袭了清朝旧制。平时，夏天多穿窄袖衣、宽脚裤，有职的穿红黄衫，其余除白色不穿外，各色衣服都有，但尤尚黑色，或做短衫，或为坎肩。幼童有穿红、蓝裤者。军中书手准穿长衫。太平天国规定“夜卧不准光身，白昼不得裸上体，犯则枷打”，即使在炎热的季节亦不得违例。

三、各有定制的靴鞋与佩饰规制

在清代，便服以鞋为主，公服才着靴，朝服用方头靴。农民则穿蒲草鞋。穿草鞋出身的太平天国领袖原本将靴视为妖物，不准着靴，只准穿鞋。定都天京后设立了典金靴衙，制红黄缎靴。靴为方头，天王、东王、北王着黄缎靴，以绣龙条数分等差，天王每只靴上绣金龙九条，东王靴上绣金龙七条，北王靴上绣金龙五条。翼、燕、豫三王着素黄靴，侯至指挥着素红靴，将军至两司马为黑靴。太平军打仗时着平头薄底红鞋，有官职者及广西老兵着黄鞋，“若广西人为功勋，虽无职之小仔，亦得著黄鞋”。太平军战士大都出身贫寒，打赤脚也是家常便饭，他们“爱跣足，虽袍帽骑马亦然”，鞋制较为杂乱。“他们的鞋子有各种颜色，全都绣着花纹。”在当时文人的记载中，常以讥讽的口吻提到五色镶鞋、花履等，还有的太平军“蹑朱履，底厚几二寸”。亦有史料记载，太平军“贼目时穿厚底，余皆薄底，或穿草鞋，或赤足，穿袜者绝少”。可见，不仅是鞋子的颜色、用料，连鞋底的厚薄也与其职位高低有关。

太平天国对各级官员所佩饰物亦有定制。“检点以上方准代金条脱，其余惟准带银镯、银指环。然银镯分两亦有轻重，如军帅以下不得过五两，旅帅以下不得过四两。”太平天国不准私藏金银，所得金银玉器，必须上缴圣库。但既有此类规定，说明太平天国官员还是可以通过接受赏赐或其他渠道取得这些金银饰物。

四、去帽易服与庞杂的民间服饰

太平军“以巾蒙首，不戴小帽，衣无领，无马蹄袖”，这也成为太平天国民间服饰的蓝本。太平军每克一地，即下令民间蓄发易服，“使民间效其服饰”。禁止戴帽，令包蓝布巾。克金陵之初，有一姓汪的读书人拒绝去帽，称“此我朝元服也，我又头冷，若何可去？”，结果被杀。太平军入常熟时，“詈本土绅士为妖，凡诰命旗匾尽行拆毁，靴冠袍套斥为妖装，搜得科罚”。生监纷纷将帽子弃之河底、投诸坑中，唯恐被太平军视作“妖”而招杀身之祸。尽管如此，在某些地区，仿效太平军服饰还成为一种时尚。当地人也“辫红履朱，栩栩自得”“镇人尽小帽无结，发系红绳，皆蓄发矣”。在天京城内，有些外国人也追逐着这种时尚：“佛兰西人城内甚多，俱穿长毛服饰。”许多群众对太平天国的服饰，仅仅是抱以好奇，却并不理解的态度，“向所尚红缨靴顶蟒服衣套，一切弁髦视之，真有‘文武衣冠异昔时’之叹”。

清初对服饰进行改制时，有“十不从”之说，即“男从女不从，生从死不从，阳从阴不从，官从隶不从，老从少不从，儒从而释道不从，娼从而优伶不从，仕宦从而婚姻不从，国号从而官号不从，役税从而语言文字不从”，其中对于出家人的服饰没有强行要求变更。而在太平天国统治区域内，试图通过遁入空门来逃避现实也是不可能的。拜上帝教强烈排斥儒释道，“出令沙汰僧道优婆尼，勒令还俗，秃子蓄发，不准衣袈裟黄冠，不许著羽士服”。

1861年，太平天国颁布《钦定士阶条例》，对秀士、俊士、杰士、约士、达士、国士、武士、探花、榜眼、状元等袍帽靴的样式，民间帽袍的式样、颜色作了规定。袍子可用青、蓝、黑色。这只是一种大致的原则，具体的执行情况则因地区和时期而有所不同。总体上说，太平天国时期的民间服饰还是比较庞杂的。

五、独具特色的太平天国妇女服饰

任何朝代，妇女服饰往往都是最为丰富多彩的，太平天国妇女服饰也不例外。起义初期，大多数妇女都穿男服，也有着苗装的。定都天京以后，由于生活条件的改善，妇女多不穿男装，依身份地位的不同，所用图案纹样繁简不一。“贼首伪王娘衣多绣月于中为补子，伪正宫绣双凤，副宫单凤，有月照四海、月照五湖、月照凉亭、月照水阁等名色”。女官冠服如男制，但不戴角帽及凉帽，大多用绸缎扎额，冬月戴风帽，夏月戴绣花纱罗围帽，形如草帽，空顶，露发髻在外。她们还极力以各种金银饰物来装扮自己，当然这也是随着身份地位的不同而有所区别的。“女官尊者，则金玉条脱两臂多至十数副，头上珠翠堆集；官渐卑，则金玉珠翠亦渐少矣。”

普通妇女则穿由各色绸缎制成的长袍，样式以圆领为主，领口开得很小，腰身也比较合体，下摆部分较为宽松，衣长过膝，并将衣襟开在左边，与满族有所区别，以“反襟”取“反清”之谐音。为了骑马、行走方便，在衣襟下摆开衩。

太平天国妇女禁止穿裙，“归馆乃不准穿裙及褶衣”，短衫长裤，以适应劳动与作战之需。当时文人对她们极尽嘲讽之能事，称女官“皆大脚蛮婆……搜掳各人家衣饰手扣金银玉镯，尽带手臂。身穿上色花绣衣，或大红衫，或天青外褂，皆赤足泥腿，满街挑抬物件，汗湿衣裳，而不知惜，亦不知其丑”。但广西女子的服饰及发式仍在民间产生了潜移默化的影响，有诗云“第一时妆是广头，湖南北样亦风流。土人偶仿苏州式，刺刺街前笑不休。”注曰：“女人梳头，以广西式为上，湖南、北次之，余皆不贵。”

太平天国严禁妇女缠足。自五代兴起的缠足之风，是中国古老的陋俗，极大地摧残了广大妇女的身心健康。广西女子作为家庭的主要劳动力，终日劳作，故而都不裹足，且爱跣足。太平天国将此俗推至民间，“弓鞋罗袜教抛却，也赤双趺学阿婆”。虽是出于劳动的需要，但从客观上讲也是一种妇女解放。

六、太平天国服饰文化的成因

综上所述，太平天国服饰既有严格规制，又是丰富多彩的，可谓“标新立异，穷工极巧”。本节认为，其服饰文化的形成原因主要有以下几点：

反清斗争的政治需要是太平天国改创服饰制度的首要动机。自清兵入关后，“反清复明”一直是具有强烈民族意识的汉人心中的梦想。太平天国虽不以“复明”为理想，却一直以“反清”作为其首要任务。1852 年东王杨秀清在《奉天讨胡檄布四方谕》中对清朝服饰深恶痛绝：“夫中国有中国之形象，今满洲悉令削发，拖一长尾于后，是使中国之人变为禽兽也。中国有中国之衣冠，今满洲另置顶戴，胡衣猴冠，坏先代之服冕，是使中国之人忘其根本也。”他们鄙视清朝衣冠，剪去辫子，留满额发。他们甚至穿着戏班的服装出外行军打仗，而将清朝官服“随处抛弃”“往来践踏”。他们对服装的选择非常慎重，并严明纪律，如纱帽雉翎一概不用，“不准用马蹄袖”等等。

封建皇权观念依然是左右太平天国领袖服饰等级思想的第一要素。从他们对服装色彩的喜好，对象征皇权的“龙”的态度变化上，可以清楚地说明这一点。太平天国规定红黄二色为天朝贵重物，没有官职的人，仅准用红巾包头，其他服饰用品不得用红黄二色。他们对黄色的崇拜与历代的封建统治者并无二致。洪秀全发动起义时曾斥龙袍上的龙是妖怪、魔鬼，后来他自己穿龙袍时，无法解释，就将龙眼射穿，谓之“射眼”。随着起义形势的不断发展，象征君王至尊的“龙”日益成为现实的需要，因此对以往斥龙为妖需要重新解释。杨秀清利用“代天父下凡传言”的方式，规定今后“天朝所刻之龙尽是宝贝金龙，不用射眼”。从此，太平天国辖区内所刻之龙都是“宝贝龙”，不再射眼。“天朝所画之龙，须要五爪，四爪便是妖蛇。”在《中国历代服饰》《中国历代衣冠服饰制》等书中，对“射眼”有着这样的解释：“所谓射眼，即画龙的时候，将一条龙的眼圈放大，眼珠缩小，另外一只比例正常，两道眉毛用不同颜色”“南京‘太平天国纪念馆’里保存的唯一的一件太平军马褂上，就保存着射眼的痕迹”，这种说法是缺乏史料依据的。“射眼”应是在“龙之两目各插一箭”，太平天国“谓龙是妖，插箭以降之也”。“太平天国纪念馆”即今“太平天国历史博物馆”中所保存的团龙马褂，为太平天国后期高级官员的官服，“射眼”则是太平天国的前期规制，马褂上“射眼的痕迹”自然无从谈起，龙的双眼一大一小，这种不对称的刺绣方法在太平天国艺术史上也是屡见不鲜的。

太平天国的服饰风格深受客家文化和广西地域文化的影响。广西客家居民大多喜用彩巾缠头，太平军沿其旧俗，凡将领俱扎黄巾，普通士兵则一律扎红巾；上衣下裙本为汉族女子的传统服饰，而广西客家女子均短衣长裤，向不穿裙，太平天国就将此习俗推及民间，严禁女子着裙。遇有女子穿裙，便强行扯去。“姊妹相呼骇人听闻，任教娘子也成军。逼他垢面蓬头外，更扯留仙百褶裙。”广西一带气候无常，不以冬夏别寒暑，而以阴晴分冷暖，所以人们的服饰因时而变，并无严格的季节划分。到了金陵，一些来自广西的太平军官兵甚至不改旧俗，其服饰具有鲜明的乡土特征。时人有诗形容太平天国的服饰：“女子去裙男去帽，若辈扎巾尻上垂，滚身衣仅一尺奇，凌寒两足不知冷，下犹单裤上亦皮”“伪官风帽看黄边，小大绸衣暑尚棉”，描绘了太平军着衣的奇怪方式。

农民朴素实用的审美观与直白浅显的表达方式，也对太平天国服饰产生影响。太平军喜爱色彩鲜艳的服装，“他们的服装绚烂夺目”。妇女往往更是脂粉艳妆、华装炫目。一些访问过天京的传教士与公使常常形容他们“邋遢”“粗野”，模样可笑，极像小丑。但也有太平天国的支持与同情者称他们的服饰“有一种特别华美的神采”“简直使人不能想象还有比这更华丽更耀目的服装了”。将士们来自下层，不可能要求他们的审美情趣多么高雅。在服饰制度尚未完备的太平天国初期，他们的服饰多取自戏剧舞台，反映了他们朴素的审美观。截袍为衣，弃裙着裤，只是便于劳动与作战。他们的服饰语言也颇为直白，不管是官是兵，都将职衔明明白白地加于帽额，印诸衣前，即使是天王洪秀全，也要将“天王”二字绣于帽额之上，令人一目了然，绝无半点隐讳。

手工业生产的恢复与发展为太平天国服饰制度的形成提供了必要的条件。太平军攻入南京后，废除了私营手工业，将手工业工人编入百工衙与诸匠营，一时生产效率颇高。在百工衙与诸匠营中，属于服装业的门类就有典织衙、缝衣衙、国帽衙、金靴衙、绣锦衙、织营、金靴营和绣锦营八种之多，天朝内还有典天袍、典绣锦、典角帽、典金靴诸官，各王统下亦设有专职属官负责各王着装起居。南京丝织业发达，历史悠久，是全国丝织品的重要产地，机坊、织工众多。太平天国革命前，南京城内的私营丝织业缎机达 3 万多张，出现规模较大的手工工场。织营在诸匠营中规模最大，总管织营事务的钟芳礼因督理织务成绩显著，被擢升至殿前丞相，可见太平天国对丝织业的重视程度。手工业尤其是丝织业的恢复发展是太平天国服饰文化形成与发展的必要条件。

服饰文化从侧面反映了社会的文明程度。人类从以树叶遮羞的荒蛮时代，到封建社会严格的服饰规制，再发展到现代社会以个人意愿来选择自己喜爱的服装，张扬个性，表明了社会的进步。太平天国作为一个农民政权，在天下未定之时，政局未稳之际，就急于颁行等级分明的服饰制度，反映了其领导层的目光短浅和偏安思想。从杂乱无章的服装到严格尊卑、上下有序的服饰制度，“所定伪制，奢侈已极，一冠袍可抵中人之产”，从某种程度上反映了太平天国领导集团的蜕变过程，他们始终未能跳出封建化的窠臼。而且在民间推行的某些易服政策，并不为百姓所理解和接受；要求女子去裙，也违背了汉族女子的传统习俗，故而在 1854 年的农历新年，天京城内的女馆里出现了“着裙共相庆贺”之事。

太平天国的服饰在中国服饰历史舞台上只是昙花一现，但它继承了中国服饰文化的古老传统，又融入了新的艺术风格，表明了太平天国军民对美好事物的追求与向往，也为后人留下了一些珍贵的服饰精品，成为人们了解当时历史，研究太平天国经济、文化及艺术的重要佐证。

第七章　中华民国服饰

第一节　服制改革

对于远古人类来说，服饰的出现更重要的作用是体现在实用方面的遮雨避寒，然而随着人类文明的不断发展、进步，服饰已不单单是一种实用的工具，而且有了深厚的文化内涵，不同时期的服饰被打上了不同时期文明的烙印，体现着不同时期人们思想文化的内涵。民国时期是我国处于新旧思想文化变更，走向近代化的重要时期，这一时期的服饰变化与思想文化变革的关系值得探究。

一、民国服饰与清朝服饰

清朝传统的服饰状况:男子一律剃发留辫。皇帝有专属的朝服、吉服、常服、行服。皇后有专属的凤袍。还依据不同的身份，官员的品级高低，规定了不同的绣纹图案以及服饰颜色、质料。普通青年男子，长袍马褂。女子缠足，汉族女子时兴小袖衣和长裙，后样式逐渐宽松，满族女子，穿氅衣，梳旗髻，穿旗鞋。

1840 年以前的清朝，由于闭关锁国政策的影响，仅能够通过外来的传教士来了解西方世界，但是，西来的传教士们为了尽快融入中国社会，获得中国人的认可，褪去了身上的西方服饰，换上了中国儒生服饰，扎起了辫子，总之，在说话方式，行为方式上处处模仿中国人。

鸦片战争以后，中国被迫打开国门，与西方进行贸易往来，经济的往来客观上促进了文化的交流，西方民主思想，生活方式与习俗也传入中国。而且西方列强还强占中国天津、上海等地为租借地，外国人亦多在此居住，使得西方的生活习俗也融入了中国人民的生活。

中华民国建立后，男子被要求剪辫，中分、刘海、平头等发式逐渐流行起来。男装流行西服、革履、礼帽的搭配，还有学生装，中山装以及中西结合的新式男装。女子开始放足，流行旗袍、衣裤、袄裙、连衫裙等。

二、服饰发生变化以及思想观念变革的国内背景

1840 年鸦片战争爆发后，清政府与英国签订《南京条约》，被迫与外国人进行贸

易，丧失了贸易主权。随之，1843 年中英《虎门条约》，1844 年中美《中美望厦条约》。1844 年中法《黄埔条约》等一系列与外国签订的不平等条约使中国社会自给自足的自然经济解体，开始沦为半殖民地半封建国家。

1861 年至 1894 年，洋务派提出“师夷长技以制夷”，开始了大规模的模仿、学习西方工业化的运动，并派出一批留学童生，打开西学之门。为中国近代化开辟道路。

二十世纪初，孙中山先生受到西方民主自由思想的影响，提出了三民主义思想，即民族主义，民权主义，民生主义。后来这一思想被注入以孙中山先生命名的服饰——中山装中。

1911 年，辛亥革命爆发，建立中华民国，结束了中国两千多年的封建君主专制统治。从政治上、思想上解放了中国人民，使民主共和观念深入人心。

1919 年，在北京爆发了以青年学生为主体的五四运动，促进了反封建思想的发展，动摇了封建思想的统治地位。在五四运动爆发前后，由胡适、陈独秀、鲁迅、钱玄同、李大钊等一些受过西方教育的人也发起了一次“反传统、反孔教、反文言”的思想文化革新、文学革命运动，即新文化运动。弘扬了民主和科学的先进思想，使人们的思想得到了空前的解放。

三、服饰与思想文化的关系

比较晚清与民国服饰的变化可以发现，在接受了西方先进的民主、自由的人权思想后，女子缠足的陋习被废除，表现了对女性的尊重，从侧面可以反映出先进的青年女学生自我意识的觉醒。

追求新的，先进的思想文化，作为考察思想的标准之一，服饰的象征作用也被重视。就我们所知的中山装来说，每个细部都有特定的新文化内涵：前衣襟有五粒扣子，代表民主共和体制的行政、立法、司法、考试、监察的五权分立；四个口袋，代表国之四维：礼、义、廉、耻；三粒纽扣，代表孙中山先生提出的民族、民权、民生三民主义；胸袋盖成倒笔架型则代表了中国革命需要知识分子参与建国的理念。这样具有近代自由民主意义的服饰也是我国的开国国服，1949 年开国大典的毛主席便身穿中山装。

思想的变化能够影响服饰变化，依照不同的阶级规定不同的服饰样式，使得传统的服饰象征着古老的封建思想文化，在中国走向近代的转型中，追求民主、自由思想深入人心，一场服饰的变革不可避免。封建的官服顶戴被废除，普通百姓也可以身穿装饰有各种图案和各种颜色的衣服。服饰的变异也象征着文化的发展，服饰会发生这样的变化也就说明封建的君主专制腐朽思想正在被先进的西方自由民主思想所替代。

虽然影响服饰变化的不只是思想文化的变革，还是思想文化对于服饰的象征意义以及对其变化的影响作用是无可替代的。

经过对民国服饰与思想文化变化的探究，思想变化会促成服饰发生变化，服饰的变化也会影响思想的变化。服饰的变革是思想变化的表现之一，文化变革的一种象征。

第二节　男子服饰

一、长袍马褂

（一）长袍马褂的款式

民国统治期间颁布了许多关于长袍马褂的服制法令。1912 年的《服制》规定男子一种常礼服为褂袍式。袍式为立领、连袖、大襟、长至脚踝，面料为本国织品，色为黑；褂式为立领、连袖、对襟，色为黑。民国初年长袍马褂的服装样式更容易被人接受，符合当时的社会现状。

1929 年的《服制条例》规定男子礼服为蓝袍黑褂，袍样式为立领、连袖、前襟右掩、左右下端开衩、长至踝上二寸；褂样式为立领、连袖、长至腹、左右后下端开衩。无论是民国初期还是民国中期，长袍马褂服饰都占据一定位置。1939 年的《修正服制条例草案》规定男子常礼服一种为长袍马褂。袍式为立领、连袖、左右下端开衩、长至脚踝；褂式为立领、连袖、左右后下端开衩、长至腹。长袍马褂从民国初期一直延续到民国末期，作为便服被人们穿着，有很大的研究价值。

（二）长袍马褂的色彩

色彩，在古代有明显的限制，等级制度无不体现在色彩运用上，不同等级的社会职位色彩运用不同，了解色彩代表的含义对我们理解服饰、社会、文化有很重要的价值。

在 1912 年《服制》中，规定长袍马褂的颜色为黑，黑色作为大众常用颜色，沉稳大气，具有神秘感；在 1929 年《服制条例》中，规定长袍为蓝色、马褂为黑色，长袍马褂色彩有了对比，突出服饰的质感；在 1939 年《修正服制条例草案》中，规定马褂色黑、长袍色蓝。

色彩蕴含着文化涵养，代表着文化情感。长袍，有蓝色、紫色、黑色、白色、灰色、棕色等颜色，色彩丰富。蓝色暗花绸羊裘袍，颜色为蓝，蓝色作为民国男子长袍常见颜色，沉着冷静，为民国男子所喜爱。蓝色作为三次服制条例长袍的规定颜色，可见它的适用性。马褂，有黑色、褐色、灰绿色、灰色、白色等颜色，其中黑色运用广泛。长袍马褂作为传统的固定搭配，它的颜色搭配举足轻重，有深厚的文化意义。

长袍马褂作为传统服饰，黑色、蓝色的对比呈现了长袍马褂的沉稳性，色彩作为构成服饰的重要因素之一，对我们完整地研究男子服饰有很大的作用，可以深层次了解其价值。

二、中山装

（一）中山装的款式

中山装是孙中山先生设计的，结合西方服饰和中式服饰特点，立翻领、有袋盖、四贴袋。民国十八年颁布的《民国服制条例》对公务员制服作出规定，男公务员的制服为中山装。

在 20 世纪 20 年代，中山装的领子为立翻领，后背为有腰带、有背缝、有开衩，口袋为上下共 4 个、有袋扣、上袋有褶裥、下袋为吊袋，前门襟纽扣为 7，袖扣为 3；20 世纪 30 年代至今，领子为立翻领，后背为无腰带、有背缝、无开衩，口袋为上下共 4 个、有袋扣、上袋无褶裥、下袋为吊带，前门襟纽扣为 5，袖扣为 3。中山装款式逐渐由繁至简，结构清晰，越来越贴合人们追求自由的愿望。

（二）中山装的色彩

色彩作为服装的三大构成要素之一，它的研究价值非同小可。不同色彩代表的含义不同，人们接收的信息不同，反馈结果也就不同。色彩在服装中占有很重要的地位，是我们研究的重点。

中山装是自由民主、文明进步的象征，它的出现结束了传统的袍服服制，开辟了近现代的服饰样式。在不同场合，中山装的选用颜色不同，中山装作为礼服穿着时多用沉稳厚重的颜色，作为便服时多用活泼靓丽的颜色。

中山装在一定程度上是国家政权的象征，具有先进性和前进性。中山装的颜色也带有一定的政治性，颜色不同给人的感受不同，韵味也就不同。改良后的中山装颜色则更加丰富，除了常见的黑色、白色外，还有驼色、蓝色等。民国时期的中山装，色彩为黑色、白色、蓝色、米黄色、灰绿色等，又以深色系色彩运用居多，这符合了当时的社会背景，也彰显了人们的沉着冷静。

（三）中山装的价值与现实意义

民国时期的服饰蕴含着一定的历史，它们是历史的见证者。中山装则是中西文化交融碰撞产生的服饰，它是自由的象征，是民族的进步。在一定程度上，中山装结束了传统的“上衣下裳”服制形式，逐渐向现代社会靠拢，见证了历史文明发展。中山装的四个口袋代表“礼、义、廉、耻”，五个纽扣代表“立法、司法、行政、考试权、检察权”，三个纽扣代表三民主义“民族、民权、民生”，代表共和理念“平等、自由、博爱”。因此，中山装不仅仅是服饰，它背后的革命性、民族性，社会文化精神，向人们传达了民族自豪感，是一种文化礼仪，是中国人迈向现代的象征，也是中国由封建转变到近代的历史见证者。

第三节 女子服饰

民国时期，新事物竞相涌现。一直以来作为社会底层的女性群体思想观念、生活习俗也发生了重大改变。其中女性服饰的流行最引人注目，样式的多样化、新颖化不仅是她们对美的追求，更是时代的产物，记载着时代的发展和社会变迁。

一、引领女性服饰变化的主体——青楼女子

在中国封建社会，服装显示着一个人的身份地位。辛亥革命后，自由、平等观念高涨，服饰等级制必定灭亡。但对于几千年来接受尊卑思想的人们来说，迈出打破传统的第一步实属不易。因其职业特殊性，青楼女子在女性服饰潮流中成为引领者。

娼妓历来为人所不齿，这也使得她们很少在乎世人的眼光与评价。出于职业需要，她们需要标新立异以求得在众多人中脱颖而出。因此，多数时候青楼女子的服装是最为新潮的。

女性解放运动扩大了女性的活动空间，尤其是公共娱乐场所总是少不了她们的身影。茶馆、剧院、舞厅，皆是女子结伴相约的好地方。为了招揽客人，青楼女子也多出现于此。因此，女性爱美的天性使得一些女子开始模仿青楼女子的装束。除活跃于风月场所外，青楼女子本身也具有广告意识。清末民初流行印刷精美的广告画，多以女性为主体。“这些美女的原型往往是妓女，既为香烟做广告，也为自己做广告，一举两得。”

在过去，青楼女子的装束代表着放荡与淫秽，为平民百姓所唾弃，更谈不上模仿。而在民国，青楼女子则成为时尚服饰变化的“风向标”。这说明了当时社会女性审美观的转变，突破旧思想，大胆追求美、展现美，希望赢得赞赏与尊重。这也是女性自我意识的觉醒。

二、旗袍的改良与婚纱的出现

民国女性解放大潮中，社会交际圈里到处充斥着西方洋物。然“如此环境中的女人们有些迷茫，她们要守住传统的优雅，也要人格解放；她们要内敛的东方美，也要展现人本的情调”。因此对旗装的改良成为她们最好的选择。

一改传统的胸、肩、背完全平直的造型，旗袍变得更加称身合体，并能体现女性的秀体之美。袖子从宽到窄，从长到短；下摆从长到短，再由短到长。到了20年代末，受欧美服装的影响，旗袍的样式开始多样化，如收紧腰身，显出女性的细腰翘臀。后来，为了便于行走，出现了高开衩旗袍，其腰身紧绷，模仿洋装更讲究透、露、瘦。总之，不论如何改良，都是为了呈露出妇女体型曲线的自然美。

除却旗袍，婚纱也颇为流行。“打领结，着深色礼服，白婚纱，佩红玫瑰，手中

握着的手套，这些服饰、道具和小动作，成为民国时期最时髦的、西洋化的婚礼场景。”民国时期倡导自由、平等，当时的男女也逐渐掌握自己的婚姻恋爱权。为了彻底摆脱旧婚姻礼制的束缚，女性不再沿用中国古代的凤冠霞帔，而是选择西方盛行的白色婚纱。

在东西方文化相交融的民国时期，女性服饰很好地吸收了外来的因素。无论是旗袍的改良，还是婚纱的出现，归根结底都表达了民国女性对个性解放、自由平等的追求，对旧社会的反抗。

三、服饰变化背后的推动力量——广告、影星和时装表演

当女性服饰成为一种时尚，成为女性生活的必需品时，社会需求逐日增加，商机也随之出现。然而单靠某些人的引导，其传播范围还是有限的，更新速度也慢。最好的办法就是使街头巷尾的每个人都可以感受到服装潮流的变化，并对此产生欲求。

晚清时期上海的商业广告传播已初具规模，且随着解放运动的兴起，女性开始走出家门，思想也更加开放。因此，商家开始邀请姿态样貌娇好的女子充当广告模特，以女性来吸引人的关注。“以月份牌、明信片、商业广告为载体的都市美女视觉形象不仅传递一般商品信息，也源源不断地将时尚女装信息传递到寻常百姓家，充当妇女消费的样板。”这和我们现在的商品广告是一样的，尤其是服装广告，模特往往起到很大的刺激消费作用。

除却平面广告，商家们同样运用偶像影星和时装秀来引领服饰潮流。20 年代初，好莱坞电影大举挺进东方，屏幕上的影星们吸引了大众的目光，成为人们心中衡量“女神”“男神”的标准。因此，当中国电影业得到一定发展，经常活跃于荧屏、广告上的明星也成为众人争相模仿追捧的对象。往往一个明星就可以一夕之间改变服装界的潮流。而最早的时装秀出现在 1926 年，当时孙传芳明令禁止穿旗袍。上海有个社团在一次游艺会上举办了一场服装表演，名媛闺秀担任模特，将当时并存的新旧服饰逐一进行展示。这在当时是破天荒之举，但也因此为商家寻得了新的宣传方式。

为了推销商品，商家以广告、影星和时装表演引人注目，且紧跟世界时尚潮流。中国的女性正是通过这些活动来改变自己的服饰，可见，民国时期传播事业的发展更好地推动了社会的发展。而时装除了表达新鲜感、色彩感、形态美之外，更多地表达男女平权和女性的消费意愿，肯定女性的经济和社会地位。

通过女性服饰的变化，我们可以窥见民国社会的些许变迁。不仅是女性的审美观、消费观发生改变，还有经济、社会的发展。学会以小窥大，由表及里，是我们解决问题的重要方法。

第八章　中华人民共和国服饰

第一节　初期干部服

中华人民共和国成立之初，受当时衣着环境的影响，列宁装、苏式服装，及其后演绎出的人民服装等，成了整个社会，尤其是城市市民的时髦衣装。由于经济发展满足不了实际的需求，1954 月 14 日中央人民政府政务院发布《关于实行计划收购和计划供应的命令》，即实行计划供应，衣装由此也进入计划时代。

一、列宁装

该服装因苏联缔造者——列宁的穿着而闻名于世。其形式为大翻领、单（双）排扣、斜插袋，腰饰束带。它最初是军中女干部的主要衣装，随着解放军部队进城而传播四方：从干部学校的学员向各大学的女学员扩散，再由此逐步向社会流行，形成了一个穿着热潮。妇女穿着列宁装，梳短发，有朴素大方、整齐利落之感。

二、苏式衣装

除影响强劲的列宁装之外，“布拉吉”更受年轻姑娘的喜爱。“布拉吉”是俄语连衣裙的音译。有束腰、直身等款式，衣襟开合前后皆可，领型圆方不一，短泡袖。腰间略收，初显腰身曲线。因而迅速为各界女性普遍认同。还有些苏式服装在我国的某些地区有较大的市场。衬衫类就有乌克兰的套头式（立领）及哥萨克偏襟式等。仿该国坦克兵服而设计的“坦克服”也很受欢迎。式样为立领、偏襟、紧身，且在袖口和腰间有装襻的细节处理。其优点在于用料省、易制作、穿着便捷。而面料富于俄罗斯风情的图案，亦颇为百姓所喜爱。俄罗斯大花布的广受欢迎，带动了乡村集镇花布走俏，并迅速朝通衢大都推进：妇女、儿童个个都是花团锦簇，光彩照人。据此激发了设计人员的创作激情，即注重民族传统纹样的发掘和创新，如金鱼水草、荷花鸳鸯、松鹤长青等，强调纹样的寓意，表现了人民群众对新生活的憧憬。

三、人民装

中华人民共和国成立初期，因中山装、列宁装的时兴，有关人士据此又设计出人民装。其款式为：尖角翻领、单排扣、翻盖袋。该装集中山装的庄重大方和列宁装的简洁单纯为一体，老少皆宜。起初衣领紧扣喉头，很不舒服，然后不断开大，翻领也由小变大。因毛泽东非常喜欢，并且大多场合都是如此装束，故外国人就称之为“毛式服装”。又因其不分老少，不论面料，城乡各地，皆有穿着，直至20世纪70年代末，又有“国服”之称。青年装、学生装、军便装、女式两用衫等，则由此演化而出。这种翻盖袋、廓型为矩形的服装，是中华人民共和国成立初期统一思想、规范行为的有效着装形式——中规中矩。

第二节　改革开放以后服饰新发展

改革开放极大地促进了中国的社会变革，社会巨变更加坚定了中国人民改革开放的信心。其中，最深层的变化莫过于中国民众的心理变化，而心理变化又通过日常生活服饰充分展现出来。服饰正是米德所谓的“有声的姿态”的一种，是自我意识表达的符号，以其具象生动的方式直观地反映着社会经济、政治、文化的历史变迁，鲜明地折射着人们情感、意愿、追求的心态变化。变化穿在身上，心情写在脸上。透过中国大多数人——汉民族服饰的变化，可以看清更多的社会现象以及社会现象背后的社会问题。

一、改革开放以来汉民族服饰的快速变化

马克思和恩格斯在《德意志意识形态》中指出：“我们首先应当确定一切人类生存的第一个前提，也就是一切历史的第一个前提，这个前提是：人们为了能够‘创造历史’，必须能够生活。但是为了生活，首先就需要吃喝住穿以及其他一些东西。”服饰不仅是人们物质生活的风向标，而且是人们精神世界的镜中花，古时既然，今世亦然。蓦然回首，中国汉民族服饰走过了封建社会充斥着阶级之颜的“衣冠之治”的等级时代，走出了清一色的“文革”岁月，伴随汉民族服饰真正自由化的春天而来，展开了一次古今东西服饰文化真正意义上的交流与变革。一言以蔽之，改革开放以来，汉民族的服饰跨越时空，汇聚中外，与时俱进，丰富多彩，呈现出五彩缤纷的绚丽光彩。大致说来，改革开放以来的汉民族服饰变化经历了三个阶段。

第一阶段，20世纪80年代，为“保暖尚新”阶段。改革开放的火焰，在灼烧着传统体制的同时，也照亮了人们前方的路，传统“圣化社会”转变至现代“世俗社会”，意识形态也发生着激烈而深刻的改变。尽管中国人民还不富裕，但是一部分人已经“先富”起来；尽管国门还没有完全向世界敞开，但西风美雨已经悄悄地飘进中国大地。在这种背景下，一批大胆的“赶潮人”首先冲决羁绊，追逐时髦，大胆尝新，引领时尚，在服饰上“穷讲究”，在保暖的前提下标新立异，于是“奇装异服”开始招摇过市。这个阶段中汉民族较富有代表性的服装有：（1）喇叭裤。喇叭裤的腰、臀、大腿部收紧，裤子下摆散开至喇叭状，收与放、紧与松形成夸张对比，标榜着新生活的张扬和激情。

（2）牛仔裤。牛仔裤作为“最具有平民意识，最没有阶级性”的服饰，一经袭向中国，便如疾风骤雨一般，冲击着汉民族固有的服饰理念。（3）蝙蝠衫。蝙蝠衫酷似蝙蝠翅膀的袖部设计，袖身一体的裁剪方式，下摆紧收的款式。（4）西服。西服大行其道，“连农民扛锄下地都穿着西服”，冲破了年龄界限，打破了角色的禁锢。（5）风衣。风衣的前襟设计为双排扣，配同色料腰带、肩襻、袖襻，具有理想的防风防雨效果，一度席卷中国大地。（6）夹克衫。夹克衫因其面料款式富有变化，风格亦可休闲亦可商务等，上身效果随意而干练，一度成为中国20世纪80年代的热销品。受美国科幻电视剧《大西洋底来的人》的影响，年轻人渴望拥有“蛤蟆镜”；受日本电影《追捕》的影响，年轻男性发型喜欢剪成“杜丘头”，年轻女性痴迷富有张力的“爆炸头”，喜欢夸张的黑浓眉、红嘴唇。高跟鞋、黑布鞋、塑料凉鞋、白球鞋、回力鞋等一度较为流行。汉民族结束了服饰上“清一色”的岁月，出现了“奇装异服”，但是总体上“包裹性”依然较强，身体“露点”不多，反映出“标新立异”与“封闭保守”相互冲突的社会矛盾心理和过渡时期的特点。

第二阶段，20世纪90年代，为“美观品牌”阶段。在世界多极化发展的背景下，中国迈进了社会主义现代化建设的快速发展时期，踏进了开放、多元、自主的社会主义市场经济阶段。追寻20世纪90年代汉民族服饰变化的集体记忆，最为深刻的莫过于人们着装意识的彻底转变，人们越来越注重服饰的品质与品牌。在这个阶段，汉民族服饰富有变化，风格迥异，出现了诸多新款式，如迷你裙、露脐装、文化衫等大行其道，被赋予了更为开放、大胆的内涵。其中，新兴的典型服饰有：（1）迷你裙。迷你裙（英文Mini-skirt）又称超短裙，在20世纪90年代迅速风靡中国，成为年轻女性展示性感身材的“神器”。这种俗称“大腿的革命”的服装，融入了具有中国特色的裙裤设计，在张扬青春、大胆前卫的同时，又保留了女性固有的保守性。（2）露脐装。露脐装以其轻薄与暴露的性感风格，在1996年的中国势不可当地蔓延开来，伴随着吊带裙、无袖装等款式一起流行，女性伴随着自信、开放的心态尽情摇曳俊美的身姿。（3）健美裤。健美裤又称“脚蹬裤”，以其高度的贴身性、舒适性、丰富的色彩赢得了当时众多女性的追捧。“服装心理学认为，脚蹬裤的风行正是这种禁锢解除以后的巨大反弹，也是国人性意识恢复正常后在服装上的反映。”（4）文化衫。“挣钱累，没钱苦”“别理我，烦着呢”等高调表达人们强烈情感的话语，赫然出现在价格低廉的汗衫上，成为20世纪90年代中国一道独特的风景线。这个阶段，汉民族服饰进入更为多样化的时代，发型变化更为丰富，女性妆容也由20世纪80年代的浓妆艳抹转变为更为自然的淡妆。男性比较注重服饰的优良品质和知名品牌，彰显自我个性；女性比较注重服饰风格的多样性，并且“越穿越少”，彰显出暴露的体态美。

第三阶段，21世纪以来，为“舒适健康”阶段。21世纪是人类历史迈进风云变幻且站在更高层次上不懈发展的新世纪，中国经济社会持续发展举世瞩目，中华民族伟大复兴气象非凡，汉民族服饰发展变化已经无法再具象到某种款式，种类不断细化，花色不断增多，出现了正装、晚装、商务装、休闲装、家居服等诸多门类，缤纷繁复，异彩纷呈，迎合了不同身份、年龄、性格的人的喜好。人们随心所欲、不厌其烦地挑选着自己心仪的服饰，有的注重品质和品牌，有的中意舒适和轻松，有的崇尚自然和简约，有的倾心唐装和旗袍。其中，主要的服饰时尚有：（1）混搭风。混搭风是由不同款式、颜色与面料等搭配于一体的穿着艺术，很好地诠释了人们的个性，唤醒了人们的创造激情，进而颠覆传统的“整体着装”理念。（2）中性风。自2005年的“超级女声”电视现象火爆以后，无明显性别差异、男女皆适的中性服饰成为时尚，备受追捧，极大冲击了“生理性别、性别特质与性别角色”的旧观念。（3）哈韩、哈日风。“哈”这个字是台湾青少年文化中的一种流行用语，即“近乎疯狂地想要得到”。新世纪伊始，一部分青年人狂热追求韩国、日本等音乐、电视、时装等娱乐文化，效仿韩国人和日本人的穿着打扮和行为方式。“世界真奇怪，短裤穿在外。”有些年轻女性在打底裤之外，穿上短裙或短裤，成为比较普遍的社会现象。（4）时尚运动风。运动服超越了以往那种款式单一、色彩单调的旧风格，推陈出新，花样百出，迅速成了城乡居民的日常生活必备品。（5）功能性服装。人们不再满足于服装的保暖、美观、舒适等功能，运用新技术、新材料设计出各式各样的具有防护功能的新服装，诸如防电磁辐射、防紫外线、防风防雨等，满足了人们更高的需求。总体上看，21世纪中国人民生活质量有了质的飞跃，生活更加富裕和舒适，思想更加开放和理性，汉民族服饰也更加崇尚“随心所欲”，兼有开放、包容、怀旧、自然的情结，展示个性，追求品位。

改革开放以来汉民族服饰的快速变化，是由多方面原因促成的风俗现象。一是经济技术的快速发展和物质产品的极大丰富，为服饰变化奠定了物质基础和消费能力；二是交往空间的扩大和交往活动的增多，为服饰变化提供了社会环境和社会需求；三是对外开放的全面展开和中外文化交流的不断深入，为服饰变化创造了外来动力和国际参照；四是思想解放运动的不断深入和价值多元化趋势的不断发展，为服饰变化开辟了广阔道路和选择方向；五是大众传媒的推波助澜和时装展示活动的频繁开展，为服饰变化提供了视觉冲击和时尚引领。汉民族服饰变化总体上朝着自然、简便、时尚、美观、舒适、健康的方向演变，凸显了人性化、社会化、个性化和现代化的时代特征，反映了经济社会的进步和主体意识的强化。

二、改革开放以来汉民族服饰变化背后的社会形态

服饰变革是社会生活变革的一部分，往往成为社会风尚变迁中最直接的表达。改革开放以来，汉民族服饰变化不仅是日常生活变化的表现，而且反映出深层次的社会心态。“所谓社会心态，是反映特定历史条件下人们的某种利益或要求、并对社会生活有广泛影响的思想态势或倾向，是以整体面貌存在和流行于社会成员之中并内化在每一个人身上的精神状态，是指以社会情绪情感、社会态度、社会风气等感性形式表现出来的各种精神因素。”社会心态是社会存在的反映，又反作用于社会存在，因而具有重要的社会发展意义。“社会心态既是社会变迁的表达和展示，也是社会建构中一个无法忽视的社会心理资源与条件，是社会群体成员共享的心理现实性和社会现实性。”改

革开放以来，汉民族服饰万花筒式地快速转换，既是经济社会快速发展的真实写照，更是中国人民的审美情趣、价值追求、生活品位的全面外化，多维度地反映了改革开放之后社会形态的深刻变化。

第一，由自卑转向自信的社会心态。近代以来，由于国运衰微，民族自尊心和自信心受到了极大伤害。中华人民共和国成立以后，中国人民从此站起来了，自尊心和自信心空前增强。但是，由于经济社会发展比较缓慢，国人的自信心依然不足。20世纪80年代以来，国门打开，国人惊羡于西方物质文明，进而在经济、社会、文化、制度等方面，进行了全方位的反思，甚至自我批判和否定。“在乎外国人的眼光”成了普遍的社会心理，东施效颦、邯郸学步几乎成了普遍的社会现象。改革开放伊始，很多中国人效仿西方，不仅喜欢穿着牛仔裤、迷你裙，而且喜欢“洋品牌”服装。最能够说明问题的是，早在20世纪80年代，一些年轻人和“暴发户”购买了西方品牌的服装，还故意保留品牌标识或置于显眼处，以标榜自己的身份和地位。这是典型的不自信的表现。到了90年代之后，这种现象得到极大改观，中国式的唐装、旗袍再度受到青睐，人们不再以是否穿着“洋装”作为评判标准，而是以是否穿出特色、穿出个性作为评判标准了。在汉民族中，无论男女老幼几乎在追求区别于他人的个性服饰，呈现出五彩缤纷的“花花世界”，甚至老头、老太太也敢于并乐于穿着大红大绿的“奇装异服”自豪地张扬着自身的活力和魅力。自信心成就了汉服饰如今自由化、个性化、多样化的美，自信心成全了当下人们拥有高度民族自豪感与自我肯定度的生命个体，积极肯定自我、相信自我、表达自我、解读自我的主观意识特征明显增强。

第二，由封闭转向开放的社会心态。中国改革开放走过了辉煌岁月。一方面，中国成功实现了自封闭性至开放性、自传统性至现代性、自计划经济至社会主义市场经济的深刻变革，进入了一个自局部化至全面化、自初步化至深层化、自年轻化至成熟化的开放时代；另一方面，中华文明与世界文明密切交流，深刻冲击和涤荡着故步自封、因循守旧的心理定势，逐步形成了自主、平等、包容、发展、自由的开放心态。梁漱溟说：“历史上与中国文化若后若先之古代文化，如埃及、巴比伦、印度、波斯、希腊等，或已夭折，或已转易，或失其独立自主之民族生命，唯中国能以其自创之文化绵永其独立之民族生命，至于今日岿然独存。”中华民族文化基因规制了中华民族的独立和延续，也培育了海纳百川、博大包容的独特气度。2011年制定的《国民经济和社会发展第十二个五年规划纲要》明确提出，“培育奋发进取、理性平和、开放包容的社会心态”。在改革开放后强调交流与合作的广阔视阈下，中国人民表现出了比以往任何时代都更具理性接纳和忍让包容的开放心态。汉民族服饰的“欧美风”“哈韩哈日”等时尚风格，既展示了青年人对外来新文化的热情和接纳以及拥抱世界的积极心态，也反映了中华民族主动融入世界潮流的自信和努力，以崭新的姿态挺立于世界。

第三，由狭隘转向宽容的社会心态。20世纪80年代，有不少大学曾经明文规定，不允许在校学生穿喇叭裤，不许男生穿背心、留长发，不许女生穿短裤、烫头发。到了21世纪，许多大学不仅开设了礼仪课程，甚至开设了化妆课程或化妆讲座，鼓励和提倡大学生穿着得体、美观、大方、个性。如今在大学校园内，每到夏天，大多数女生是穿着短裤、文化衫、迷你裙这些过去不可想象的展示青春活力和性感魅力的服装，漫步于操场或端坐于课堂。就连最偏僻的山村，面对年轻人穿戴的各种各样的花里胡哨的服饰，再也没有人说三道四了。相反，人们往往投去羡慕的眼光、发出赞美的言辞。人们在遵循“自由与约束”相统一的原则基础上，充分发挥主观能动性，综合权衡场合因素、对象、自我匹配因素，对服饰进行理智选择，对各种各样服饰都表现出了前所未有的宽容和坦然，中国固有的包容传统和包容精神得到进一步培育和弘扬。

第四，由病态转向健康的社会心态。所谓健康，除了传统意义上的“自身躯体无疾病”的含义外，还包括心理、智力、道德、审美情趣等层面上的健康。毋庸讳言，改革开放之初，汉民族与其他中国人一样，在审美情趣上有病态之处，在服饰穿戴上也有不利于身体健康之处，如化纤面料的紧身衣。随着中国经济发展，人们生活条件日益改善，越来越多的人开始注重服饰的健康问题。人们越来越注重服装面料的品质，以羊绒、蚕丝、纯棉等天然纤维为材质的服饰价格越来越高，运动衣、运动鞋专卖店越来越多，普遍受到人们追捧和喜爱。人们在购买服饰时，考虑的首要因素已经不再是保暖和美观，而是安全和健康。改革开放之前，许多人坚持以政治的标准为标准、以自己的标准为标准，对他人的异样服饰批评有加，要么称之为“小资产阶级情调”，要么称之为“生活腐化”，甚至给予严厉批评甚至批判，这却是病态心理的表现。随着改革开放不断深入，人们逐渐宽容、包容、赞赏万紫千红的新服饰，倡导、推崇、赞美千姿百态的新装扮，普遍认同“穿衣戴帽，各有所好”，这便是健康心态的表达。健康的社会心态有利于造就健康的体魄，释放出巨大的生命力和创造力，反哺社会主义现代化建设，推进中华文明健康发展。

如果说以上社会心态变化是积极健康的，那么汉民族服饰变化也反映了一些消极的社会心态。一是奢靡之风。有些人在追求服饰华丽的同时，也出现了过度消费的现象，尤其是少数人不惜花万金购买奢侈品，名表名包充斥于社会，珠宝玉器填充于欲壑。二是浮躁之风。有些人在追求个性张扬的同时，也出现了过度轻佻的现象，尤其是少数年轻人不惜以暴露为美，吸人眼球，引人注意。三是迷茫之风。一些人在追求多样化的同时，也出现了追求过度丢失自我的现象，尤其是少数文化层次较低的青年缺乏价值评判能力，心无定所，盲目跟风，不知路在何方。所有这些社会现象和社会心态，都值得我们高度重视，妥善加以引导。

三、改革开放以来汉民族服饰变化折射的性别定位

服饰与每个人的日常生活都密切相关，不仅是一种外在的必需品与物质表现形式，而且反映了不同历史时期的社会思潮、审美观念、性别意识等，把抽象的精神活动用物化的形式呈现于社会。改革开放以来，汉民族的服饰变化不仅反映了社会心态的深刻变化，而且反映出性别角色的微妙变化。“性别关系是人类各种社会关系中最基本、涉及面最广且影响最为普遍的关系之一。对两性关系的正确认识与评价不仅有利于增

强人们的生活幸福感、促进家庭和谐，而且有利于整个社会的和谐发展。”汉民族的服饰变化，折射出男女性别观念及其社会定位的新变化。

第一，男女地位更趋平等。中国是一个受封建社会思想影响极其深远的国度，男尊女卑观念根深蒂固，这种观念尽管受到了近代以来妇女解放运动的强烈冲击，但对于社会整体而言，还没有实现完全意义上的男女平等。新中国成立以后，党和政府通过立法、政策、行政干预和舆论宣传等，使女性在很短的时间内由“家庭人”成为“社会人”，成为社会主义革命和建设的重要力量。但是，人们还来不及对性别观念进行形而上的思考，对男女平等含义的认识也仅限于男女社会权利的平等，在普通民众心灵深处，男女之别的观念依然明显。改革开放以来，随着妇女的经济社会地位的巩固和教育文化水平的提高，尤其是受到独生子女政策的影响，“生男生女都一样”的主流观念被国民认可和接受，男女平等成了社会常态。男女平等在服饰上得到极佳的证明，女性服饰趋于男性化，男性服饰趋近女性化，中性化服饰大行其道。尤其是某些女性职业装，体现了女性对权利和平等的渴求，从而使女性在外表上更加接近男性，不仅在政治权利层面上实现了男女平等，而且在社会角色层面上实现了男女平等。

第二，男女心态更趋平和。中国传统服饰体系随着社会剧变而发生改变，出现了中西服饰杂糅、男女服饰混搭的现象。在“文化大革命”期间，虽然传统观念遭到抨击，人们高呼“男同志能做到的事情，女同志一样能够做到”，但是性别歧视并没有被消灭，“男女大防”被，体现在服饰上，是男女服饰泾渭分明，少有男扮女装或女扮男装，更少“奇装异服”。在实际生活中，“重男轻女”的观念依然根深蒂固，在服饰上也表现出男女之别的狭隘观念。改革开放之后，社会交往不断拓展，男女交往更加频繁，加之受计划生育政策的影响，人们“把女孩当成男孩养、把男孩当成女孩养”，从“被迫心理”逐渐向“主动心理”转换，自觉或不自觉地默认了“女孩穿男装、男孩穿女装”的审美情趣和价值选择。法国学者古斯塔夫·勒庞说过：“我们在定义群体时说过，他们的一个普遍特征是极易受人暗示，我们还指出了暗示在群体中的传染程度，这是一个能够解释清楚群体感情向某个确定方向迅速转变的事实。尽管人们认为这一点多么无足轻重，群体总是处于一种期待别人关注的状态中，因此也容易受到暗示。”一旦有人穿戴“不男不女”的服饰被他人关注和接受之后，效仿者就会接踵而来，从而导致全社会对男女及其穿戴都能够以更加平和的心态对待。

第三，男女角色渐趋模糊。性别角色是以天生的性别为标准进行划分的一种社会角色，是个体在社会化过程中通过模仿学习获得的与自己性别相适应的行为模式。改革开放以来，中国服装的一大趋势就是男装女性化，女装男性化，互相借鉴、互相渗透。过去，穿短裤、背心似乎是男性的专利；现在，穿短裤、背心则成了女性的时尚。在路人后面观察其衣着，往往难以判断是男是女。辛亥革命后，男性剪辫子、蓄短发成为社会常态，可是到改革开放后，男性蓄长发的现象也见怪不怪了；女性留短发、去辫子，也成了普遍现象，无论都市还是乡村，“大辫子姑娘”已经极少见到。“女人的一半是男人，男人的一半是女人。”曾几何时，展示男性阳刚之力的“硬派服装”穿在了女性身上，体现女性阴柔之美的“软派服装”穿在了男性身上。男性不再“高大威猛”，女性不再“娇小可人”，形成了男女优势“互逆”的新作派。汉民族服饰的演变，走向了更高层次“自我实现”的观念更新，性别标识不再分明，性别角色渐趋模糊。

中国汉民族的服饰变化，既是时代精神的召唤，也是中国文化使然。汉民族服饰华丽变身，趋于中性化的背后，不仅反映了男女平等的社会进步，而且反映了性别差异的消损。其中，女性服饰的男性化趋势，支持了“女强人”的社会角色；男性服饰的女性化趋势，满足了“男弱者”的心理暗示。服饰变化的社会暗示是，女性在各方面追求男女平等，追求与男人一样的事业，经济独立，晚婚晚育，家庭做主。其实，“男女无论从生理上还是心理上都有各不相同的性别特质和价值意义，单纯让女性去分享原来只属于男性的特权并不一定给女性带来完满幸福的感觉，反倒可能陷入焦虑、迷惑与气馁的痛苦。”男人就是男人，女人就是女人。汉民族的服饰变化总体上值得肯定和称赞，但也有需要反思和引导的空间，要弘扬真善美，鞭笞假恶丑，着力构建当代中国男女和谐的新状态。

第九章　古埃及与西亚服饰

第一节　埃及早期王国服饰

一、古埃及的服饰特点

古代埃及位于非洲东北部，地理位置非常优越，尼罗河流域因河水泛滥和聚集的沃土带来了丰富的产物。亚麻、棉布、丝绸以及皮革的盛产为古埃及人提供了丰富的服装原料。

对古埃及人而言，衣服能够体现出古埃及社会严格奉行等级制的本质，它突出了不同社会等级的差别。直到第十八王朝，随着宗教信仰所发生的巨大变化和文化的交流融合，新式的服装才流行起来。由于气候风土，亚麻布成为古埃及人主要的衣用原料。虽然当时的纺织技术已达到极其精巧的程度，但由于生产能力所限，衣料的供给是有限的。古埃及男子的衣服主要是用一块白色亚麻布缠绕在腰上构成的，叫作腰衣，是一种最古老、最基本的衣服形态。上层阶级经常用糨糊把布固定成很密的直线褶，并在腰衣外面系上一条三角形围裙，围裙上常装饰着金银饰物或刺绣，镶嵌着宝石，以示特权。

中王国时期，随着经济的不断发展，女子衣料样式有变，渐渐地演变成了无袖有袖两种。除此之外，披肩开始流行起来，这种披肩能遮住胸部。而男子服饰方面：出现长袍，一般到脚跟。下身包缠式围裙，通常是亚麻布。法老的褶裙后会垂下狮尾，士兵则穿着带有条纹或彩色布料的褶裙。到了新王国时期，受到了不同文化的交流和融合的影响，古代埃及服装又发生了新的变化。简略的缠腰布仍然是平民和百姓的外穿格式，而在贵族中已退化成了亵服。贯头衣也是新王朝时期流行的一种外套，同时人们也赋予了它多种穿法：保持宽松的状态；在胸口系结；用细带收腰，尽量向前收拢构成较繁杂的形态。

古时人们佩戴首饰的主要是为了保护自我。人们为了祈求生存，制作了一些如：铁镯、皮腕、骨环等戴在手腕上，以保护自身不受植物的伤害，同时也是为了避免外族敌人造成的伤害。在社会的不断进化过程中，饰品的种类、样式、材质等也趋于多元化。但是由于不同的阶层，人们佩戴的饰物也是不一样的。法老、贵族、官吏所使用的饰物多半是由贵重的金属和宝石制成，而商人、平民佩戴的饰物由琥珀、贝壳、玛瑙等材料制成。古埃及人对外貌和自身的妆容十分看重，这不仅是因为审美和信仰的关系，而且跟古埃及丰富的矿产资源有着密不可分的关系。

二、古埃及服饰元素在现代服装中运用

2016 秋冬时装秀场重现古埃及服饰文化，Givenchy 这一季在设计时，首创古埃及饰纹刺绣作为点睛之笔。埃及肖像已呈现出丰富的几何元素，洋溢着迷幻和神秘主义，荷叶边呼唤着久远时期的矜雅气息，以丝绸及蕾丝带表现出女性特有的风情，与维多利亚时代的圣洁古典交织出一幅华丽图景。

2017 年春夏时装周，设计师用几条发散线最终汇集的点成为新系列的起点，该系列中的一件衣服上就印有汇聚左胯部的几条发散线条。同时随意缠绕、围裹的方式，让我们无法找寻衣服本身的缝合线路。虽然从外表上看这一季的服饰有些像埃及古老的木乃伊，但这种全新的设计方式确实很有效，它让服装穿起来更具动感。这一系列服装像极了古埃及妇女所穿的“卷衣”——多莱帕里，像袈裟一样缠卷披挂在身上，组合美丽的褶皱，粗略地在下身环绕一圈之后把剩余的布披在左肩。

古埃及服装可以用“衣料绕体”这四个字来概括。从早期的几个简单的款式，经过几个朝代的更迭，服装在款式上发生了一些变化，有了衬衫、长袍、卷衣等，无形中古埃及服装渐渐地形成了一种风格，为后人在设计中所借鉴运用。古埃及服饰典型的特点就是褶皱，在现代服饰设计中褶皱也是服饰设计中常见的元素。而女子服饰常见的是贴身长裙，其典型特色是在紧身直筒裙上做很多固定的褶皱，在今天，不少女装设计中都可以清晰地看到这种经典的服装造型。从十八王朝起，披肩成了古埃及流行的款式，男女穿法通常是从左前胸向后过肩膀到臀部，围绕臀部一周到身体的后部，然后包裹住右肩。这种服饰特色逐渐地在现代也流行起来，并且转变成了多种不同的样式。

三、古埃及服饰元素在现代服装中产生的影响

无论时代如何变迁，现代服装设计总脱离不了传统服装给予的影响，这是因为事物的发展总是承前启后，人们总有着怀旧、追忆心理和表达民族情怀的感情因素等。而古埃及服饰给予现代服装最直接的影响主要体现在服装造型、色彩、面料、配饰等等方面。

服装的款式造型是服装的外部轮廓造型和部件细节造型，是设计变化的基础。服装的外部轮廓造型形成了服装的线条，并直接影响到了款式的流行。服装的部件造型包括领型、袖型、口袋、裁剪结构甚至衣褶、拉链、扣子的设计。由于古埃及气候炎热，古埃及女子服饰典型造型是贴身长裙，以直筒裙为主，在一侧缝合，从胸垂直到脚踝。现代服装设计中，不少都充分运用了古埃及遗留下来的服装文化及服饰元素，如婚纱、礼服、连衣裙上都有很多的应用。服装面料对服装的影响尤为重要，它主要影响了服

装的适用性能。面料的厚薄，软硬，光滑粗涩，立体平滑之间的差异以及面料不同的悬垂感，光泽感，清透感，厚重感和不同弹力等对服装的影响很重要。古埃及现代服装中亚麻布是最常见的面料，既不热，也不重，还可以形成简单的褶皱，清洗起来也比较方便。而现代不少服装面料仍然沿用着亚麻布这种面料，同时也根据现代人的使用需求进行了改良，制造出了更加适合现代服装需求的面料。

古埃及艺术十分讲究形式美，特别是构图的秩序性。古埃及服装造型简单，但是褶皱的变化形成了丰富的立体层次和明暗效果，这是构成古埃及服装魅力的重要手段。往往服饰配件会与象形文字结合，这也是古埃及艺术品的一大特点。现代设计中，我们也常常追求一致性、协调性、秩序性，在不少典型的时装设计中，我们可以看到只有简单的线条和褶皱，却使服装的整体表现得非常有层次感和秩序性。

通过研究古埃及服饰艺术后，我们发现，如今人们向往简约舒适、精致优雅、年轻的生活情调，但是又不愿意让自己穿得过于成熟，于是，古埃及服饰那种集简约、优雅、年轻以及丰富的造型于一身的风格得到了现代人们的追捧。服装设计大师给古埃及服饰艺术赋予了新的意义，成为新的流行趋势。在物质文明和精神文明高度发展的今天，着装水平与着装理念得到极大的提高。人们不再盲目去追求时尚，而是越来越关注古典服饰文化元素。

第二节　新王国服装

新王国时期（18—20 王朝，公元前 1570—约公元前 1085），也称埃及帝国时期。古埃及服装的发展变化是从帝国时期开始的，此时埃及的服装发生了较大的变化，主要是新款式的出现，服装趋向繁丽，服饰等级已明朗。

一、男装

由于穿着和剪裁方式的改变，男子服装出现了很多新款式。原来人们穿衣自上而下，中间并无停顿之感，体现了人体的自然美。帝国时期的服装更多体现了人工的创造美。

（一）贯首式长衣

贯首式长衣为当时流行的男装样式。以 2 倍于穿着者身长的长方形面料，对折后将中间及两侧开口，以方便头和手臂的进出（穿脱），即把经过加工的布料，经头往身上一套，就成了一款服装。这种衣装整体宽松、舒适。而多余面料可在腰间打结，形成褶裥。有时会在腰间束一带，起加固作用，腰带宽长，系结后下面形成一个很大的椭圆形扇面，垂至双膝。若不束腰带，可使前后衣边部分重叠，而后底边系在腰间，再用若干小饰花打结。这样，不论是束带，还是底边饰花，既可使服装牢固成型，又增加衣着的装饰美，也有称作“和服式”或“卡拉西里斯”（Kalasiris）的。十八王朝国王图坦卡蒙陵墓中的守卫雕像，就是穿着这种经过改革的新式服装。

（二）竖直长衣

竖直长衣，是帝国时期流行的另一种服装，长至双膝，或至小腿，穿在短胯裙之外。通常情况下，这种服装面料打褶，意在加强服装外观的形式美。贯首式长衣和竖直裙都是衣和裙的相连，这是帝国时期服装的一大特点。衣质透明，上有横褶波纹，说明制作的精细，面料的精良。

（三）服饰等级

服装上的等级标识已趋明朗。上层阶级的服装与平民的服装相比不但种类丰富，而且款式不同。如法老所穿裙的下部有一圆形突出的兽头饰物，类豹或狮。传说阴间掌管天平称量死者心脏、判定死者生前罪过的那个人，就是兽头人身的“阿奴比斯”神。圣职人员用此物作装饰具有威慑感，警戒民众，约束言行，以免将来到地狱再受煎熬，亦符合所饰者的身份。

这可能就是兽头饰物的审美内涵。在《亡灵书》或木乃伊棺椁的彩画上，有不少“阿比奴婢”的形象，其道理大概也是如此。另外，此类服装都镶有金饰，显得富丽堂皇，如围裙的腰带，就饰有金珠、狮头、神蛇（也有在冠上的）等图案。这些都是贵族和上层社会的象征。

古埃及服装也很讲究象征性，在服装中注入一种美好的愿望。当时牧师都身着白色亚麻布服装，剃光头，以示纯洁无瑕。举行宗教仪式，牧师穿上豹皮衣，象征高尚、严肃。而羊毛之类的服装被他们认为那是不洁之物，是野蛮人的装束。

二、女装

帝国时期的女性虽穿紧身长衣，在隆重的场合还须同男士一样，穿着朴素、简单的服装，但身上布满饰品，五彩缤纷，衣边还缝以白亚麻布制成的褶带，体现时代的特色。下层妇女仍然是穿那种简朴的、没有什么装饰的紧身衣。而从事艰苦劳动的妇女则是穿着早期流行的短上衣。贯首式长衣不仅为男子所穿，女性也通用。

古埃及虽然曾出现了不少鲜艳色彩的面料，但一般地说仍然以白色为主，这主要取决于当时的染布技术。

（一）窄款裙衣

女子贯首衣虽与男子的相同，但所饰腰带尺度不同：男为宽，女呈窄带状。

图为雷姆希斯二世的奈佛蕾蒂莉王后（左），同是贯首衣，腰饰却颇为讲究。虽用窄带系结，可余者飘带却长长地垂落于双膝，为女子的优雅美增色。结合王后墓葬的形象画面更可证该腰饰之美。这里，服装是简单的套头式，然观两位头部之装饰，可用“繁杂”二字概括。其头顶所饰兀鹫流行整个古埃及，为该民族历史的装饰之最。左面王后、右面女神，头上所戴浓密光洁的假发，上饰珠宝甚多。女神镶嵌红色玛瑙与各色宝石，两只哈瑟圣牛的尖角，呈环状围着圆圆的明月；王后头饰埃及神阿门的两片羽毛和太阳神大拉的太阳球。

就服装构成来说，此时出现了两件成套的服装：裙衣和围巾（肩披）。这种服装设计简单，穿着方便，其特点是覆盖双肩的长与宽相等，用料节省，制作简便，外形美观，与今天的印度卷布服（纱丽）类似。当然，也有制作复杂的，且随着时间的推移，此种服装制作的复杂程度亦非今人所能理解的。

（二）束胸长裙

束胸长裙也很惹人注目。对照著名的法老阿赫那吞（一译埃赫那吞、阿肯纳德）的妻子涅菲尔蒂王后的彩色石灰岩雕像，可获得具体的感受。长裙有众多呈放射状的、对称的皱纹，使服装活泼、轻松，显得典雅富丽。那宽宽的领饰、自然熨帖的披肩，凝重的上身与修长的下体，体现了服装的雍容华贵。其名字“Nefertiti”就含有“迄今最美的丽人”的意思。就雕塑史来看，有两位女子的雕像最美。一是法国罗浮宫的《米洛岛的维纳斯》，另一是柏林国家博物馆里的《涅菲尔蒂》（一译奈佛蒂蒂），她比米洛维纳斯要早1 500年左右。这两尊塑像皆属无与伦比。后者服装之美，皆如上述。其服装线条之柔和，更衬人之美。该衣装的形式与前述贯首衣，颇有近似之处。

（三）古埃及的美容与装饰

现代化妆技术有许多是从古埃及发展而来的。美容、化妆具有修饰功能的技艺，古埃及人都很重视，且种类很多，特别是假发和描脸。男女都崇尚戴假发，主要用染成蓝色的羊毛或猴毛做成，有时也用植物纤维制，做工精致，外形美观。所做的形状、大小视个人的身份而定。长长的假发披散着直垂至肩下，上面点缀装饰有黄金饰带、金圈、五彩玻璃及各种珍贵珠宝。男子为了表示尊贵，有的带辫形的假胡子，地位越高，假胡子的材料越昂贵。如国王的假发就用珠宝制成，且末梢翘起。埃及炼金术发达，化妆艺术极佳，追求时髦，讲究奇特。男子把橙色的化妆品抹在脸上使肤色变深，而女子则用淡黄褐色的胭脂使皮肤变浅。用颜料描画眼、嘴等部位，突出、强化自身的美，或矫正先天的不足，女性尤为突出。她们出席亲朋好友的节日庆典时，头上往往饰成圆锥花球，里面装有膏状香料，香气四溢，炫耀自己的化妆技术。

古埃及人的装饰也很突出。她们用珍贵的材料为法老和贵族制成王冠、耳环、项链、胸饰、扣、腕镯、戒指、脚镯等饰物，穿戴在身上，光泽熠熠，环佩叮当，悦人耳目。成年人还佩戴项链及其他饰物。项链作为古埃及既普遍又典型的饰物，可见材质之珍贵，更显其重量感。长时间佩垂于胸，必然会产生不适。为此，佩戴者一是把项链交替置放双肩之侧，以减轻颈胸之不适；还有一法是外加附饰物之平衡。另外，额间还有饰秃鹰脑袋、蛇身等神符的，以作避邪之用。秃鹫是国王外出时对王后的神灵保佑，也是丈夫家给予妻子的护身符，极具象征意义。

第三节 两河流域服饰

亚洲西部，幼发拉底河与底格里斯河的两河之间，夹有一块肥沃的大平原，史称“美索不达米亚”（Mesopotamia），即希腊语“河中间的土地”，又称“新月沃地”。这里是西方文明的源头之一。传说中的伊甸园、圣经旧约中的传奇故事，发源地就在这里。

一、西亚社会

苏美尔人在美索不达米亚南部创建了第一个文明，公元前3500—公元前2250，其文明达到鼎盛。公元前19世纪中朝，地处两河中部的巴比伦帝国兴起。约在公元前1300年，底格里斯河上游的亚述开始崛起，之后占领了巴比伦。公元前626年，亚述灭亡，在原地又建立了新巴比伦王国。公元前539年，波斯攻占新巴比伦王国。公元前330年，马其顿摧毁波斯帝国。

这片土地先后诞生古巴比伦、亚述、波斯及希腊、罗马等帝国，在世界史皆占有重要地位，其所创造的宝贵财富和两河文明，经由苏美尔人、阿卡德人、亚述人、迦勒底人等，影响“西亚”乃至整个欧洲世界，他们的艺术独具风貌，服装亦颇具特色。

二、西亚服饰

两河流域的服装朴实无华，富有装饰感，衣裙边缘多饰以皱褶，增加衣裙丰富的层次性，从而透露了人类之初的审美意识。西亚的服装在色彩上有贫富之分，布料一般都是羊毛织物或亚麻布，但在色彩上有很大区别：平民的服装一般只能染成红色，统治者穿蓝紫色的服装。西亚服饰不仅带有两千多年两河流域的文化，而且在面料、样式、装饰与制作工艺上精美华丽，对以后欧洲服饰的形式有较大影响。

西亚各时期种族繁多，相互影响，以致语言、宗教、法律、艺术等，从变化万千到互为融合，因此很难区分他们之间的差别。只能以苏美尔服饰、巴比伦服饰、亚述服饰、波斯服饰等，来加以阐述。

（一）苏美尔服饰

苏美尔人是两河流域最早的定居者。公元前3000年，就建立了城邦。早期苏美尔男人的装束与古埃及相似，仅以一块腰围布缠裹，或缠一周，或缠几周，由腰部垂下掩饰臀部。此基本衣料被叫作“卡吾那凯斯”（Kaunakes），又称考纳吉斯。这种流苏面料的款式也以此得名，但今天这种面料已无实物可以认识，只能从考古出土的雕刻中分析大致结构，对其衣上“流苏”样的装饰，目前的分析不一，从出土的石雕像上可以感觉到这种面料较为厚重且极富肌理感，猜测为毛织物或将羊毛固定在毛织物和皮革上。女性显得稍有不同，全身缠住而露右肩。这一现象至后期就并不限于女性了，男子也以这种衣式为主要服用对象。公元前2130—公元前2016(即阿卡第安统治期间)，古底亚成了拉格什城的杰出领袖。他的许多雕像就有如此样式。这就是史书上所说的“大围巾式”的“缠裹型”。该围巾置左肩而下垂于前方，并经胸过右腋下躯干部分，经后背再向上左肩缠过，于右臂下固定。这种缠裹技巧的熟练人们还可从女性头巾上看出。

公元前2000年苏美尔的一幅绘画——“人头牛身怪”，就是显例。从中可看出苏美尔人着装的艺术：服装紧身，腰束饰带，衬托了人物潇洒、练达的仪态和风采。阿卡德国王萨尔贡一世的青铜头像，同样凝聚了这个民族的审美能力。头像铜盔之纹饰为平行网状结构，须发的装饰手法独特而有力，呈螺旋式紧密排列，此举既具男子的阳刚之美，又表现了国君的威严和强悍，刻画了这个以征战立国的“世界四方之王”粗犷、豪放的个性特征。

（二）巴比伦—亚述服饰

约在公元前18世纪，古巴比伦王国开始了对两河流域的统治。据汉谟拉比王的《法典柱》（约公元前1800年）可以见其服装之概略。这是世界上所发现的最早的成文的法律条文，是研究古巴比伦经济制度与社会法治制度极其重要的文物。在这高达2米有余的石柱上端，是太阳神沙马拉向汉谟拉比国王授予象征权力的魔标和魔环的浮雕。石雕精细，表面被高度磨光。人物的表情和动态随意和自由，所着服装也紧扣这一点。太阳神形体高大，胡须编成整齐的须辫，头戴螺旋形宝冠，右肩袒露，身着长过膝盖（至踝骨）的长裙，正襟危坐;汉谟拉比头戴传统的王冠，神情肃穆，右手举做宣誓状。细究之余，人们还可发现，他们的衣着似为“大围巾”的沿用；或以缀满流苏的披肩包裹其身至颈部，明显受考纳吉斯服影响，呈螺旋状，又称伏兰（Volant）装，与史载相符。

与此同时，公元前3000年到公元前2000年，亚述人的城邦得以发展，至公元前8世纪，亚述进入帝国时期。亚述帝国时期，人们对服装的审美追求发生了很大的变化，更加注重服装外表的装饰和设计，流苏装饰被频繁地运用。流苏穗饰以及运用花毯的织法或用刺绣方法做成的花纹图案的装饰成为这一时期服装的主要特征。这种流苏装饰，往往把布料的边缘处理成毛边，又在边缘布料上饰以整齐的花纹图案。一般是红色的流苏装饰在白色的面料上，风格质朴而又艳丽。同时，这种流苏式装饰也是地位等级的象征，上层官员的服装不仅拖长，且周身饰满了流苏，而下层官员只有小块流苏装饰衣边。

服装的基本样式仍然不复杂，宽松的筒形长衣坎迪斯（kandy），是其基本的主要样式，纹样和流苏是其装饰特点，可单穿，亦可外披大围巾。这种衣服制作简单：将两块长方形的布在两肩上部及两侧腋下缝合，留出头部的口和大大的袖口，最后在腰部系上一条带子。穿着时，宽松的袖子垂下形成许多自然的褶皱。其中，亚述高层人士——那西尔二世的雕像，头发梳理整洁，胡须精心修饰，大围巾缠裹边缘的流苏，整齐密集，堪称典型形象。

（三）波斯服饰

公元前 550 年，崛起于伊朗高原西南部的波斯帝国，经居鲁士、冈比斯、大流士三位国王的不断开拓，波斯成为包含中亚（阿富汗、印度）、西亚（两河流域和土耳其）及古埃及的大帝国。各代国王都穿米底亚人宽松的长袍，这种长袍有完整的衣袖，从肩部到腰部有开口，但不敞开织边，直到手腕才敞开。疆域的广阔，多国文化的继承，造就了波斯文化艺术的空前辉煌，即对各部族的相互融合，成就了波斯服装融汇性的一大特色。对色彩有良好的感觉，喜欢黄色和紫色系列。

波斯人以游牧民族居多，受高原寒冷气候的影响，面料多为羊毛、皮革等厚质材料，以及亚麻布和东方绢，上饰精美刺绣图案。齐膝束腰外衣和至足长裤，是波斯的传统服装。这是服装史上最早的最完整的衣装：衣袖，分腿裤，衣长至足，衣袖、衣领等廓型要素，完整、清晰可见。这可能是波斯人精于骑射而采取的衣装实用之措施。据说，这就是最早的分腿裤和衣服的袖子。同时喜欢骑马也要求他们的服装注重合体，必须“量体裁衣”。从有关资料上来看，这种有衣袖的衣服可以算是世界上第一套外衣了。

更让人称奇的是，一件公元前 1250 年的雕像，其衣装竟是 16 世纪欧洲的艺术风格。上为短式罩衫，合体度良好，胸部曲线明显；下配流线型长裙。衣装外部还辅以精致的装饰：流苏、金属圆片、刺绣图案。衣装整体裁剪精确，显示了高超的专业缝制技巧，乃至较强的艺术感染力。波斯人的头饰种类也很多，鞋子的制作也很精巧。

简言之，两河流域的服装朴实无华，富有装饰感，衣裙边缘多饰以皱褶，增加衣裙的丰富性及层次性，从而透露出人类最初的审美意识。

第十章　古希腊及古罗马服饰

第一节　克里特文明与服饰

从克里特文明到古希腊再到古罗马文明，是人类历史上最精彩、最充满艺术气息的服饰历史之一。服饰艺术设计手法上的丰富多变，配饰精致巧妙，都充分体现了古希腊罗马服饰的魅力，这是服装历史上无法逾越的经典。

克里特文明，也译作前希腊文明、米诺斯文明、迈诺安文明，该文明的发展主要集中在克里特岛，它是爱琴海地区的古代文明。这个时期服装款式简单，但是分层裙、低胸紧身胸衣的流行，给古希腊、古罗马的服装有深刻的启示。

克里希文明一直被视为西方文明之源，它所创造的政治、经济、科学、艺术、哲学、宗教为西方留下了璀璨遗产。其服饰理念也蕴含了对千年后西方社会服饰生活的深刻影响。克里特文明是西方古典文明的起源，它引导了西方现代服饰本源的发展，是一种神秘，又极具魅力的文明。

公元前2000年左右，希腊的克里特岛上有了许多宫殿，由国王统治。温暖的阳光、明媚的地中海气候让当地农业兴旺。这个时期的克里特文明，又被称为米诺斯文明。

传说中克诺索斯有一位最伟大的雅典艺术家、雕塑家及建筑师代达罗斯，他为国王米诺斯修建了一座著名的迷宫，宫中通道交错，无论谁只要一走进去，就再也找不到出口。国王米诺斯将他不贞的妻子帕西法伊关在了这座迷宫里，因为他的妻子迷恋上神物白牛，并生下了一个牛首人身的怪物米诺陶罗斯。而这和传说中宫殿的仪式也有关系，在仪式上，米诺斯国王戴了一个面具，那是一头公牛的头，也被称为牛头人面具。其是混沌、邪恶、力量和杀戮的象征。

克里特岛人是克里特文明岛屿上的主要民族，特洛伊的海伦就是一个有名美丽的女王，幸存的壁画表明克里特岛的女性优雅又时尚，发型设计精美。

克里特岛的人们会进行常规的美容护理。他们生产制作芳香油，并把它们储存在精致的罐中。一些石油交易的商人，同时也会保留一定数量的芳香油放在家中使用。他们使用小石盆、浴缸浸泡，然后擦香油护理肌肤。

克里特岛的人们创造了闪闪发光的、金色的死亡面具，为他们死去的过往带上。面具先雕刻好，然后再用金子制作而成，面具铺在死去的统治者脸上。最有名的面具是19世纪70年代由考古学家海因里希谢里曼发现的。起初，谢里曼认为他发现了特洛伊国王阿伽门农的身体，但后来证明，面具属于最早的迈锡尼国王。

在米诺斯，人们崇拜女神，这是极为普遍的事情。从克里特出土的印章上，常常有着女神的画像。女神神情威严地伫立在山顶上，她的两旁有双狮、忠实的守卫，她的身后，便是一座庙宇，而她的面前，则有一位信徒侍立。一般来讲，女神穿的是典型的米诺斯宫廷女士的折皱裙，上身穿着紧身衣，女神头上有时无头饰，有时头戴冠冕或头巾。

在某些画像中，女神还与一位男神同时出现，而男神往往比较矮小，显然是个配角，说明女神在米诺斯人心目中的地位至高无上。

公元前1600年前，古希腊克里特人崇拜的持蛇女神塑像。持蛇女神被奉为大地女神，她穿着紧身上衣和长裙，腰肢纤细。美国波士顿美术馆收藏了一个作品，那是从克里特岛发掘出来的，一尊16厘米高的《持蛇女神》雕像。女神头戴高冠，身穿敞胸的宽大裙衫，露出丰满的双乳，表情严肃庄重，双手各持一条头部向上昂起的金蛇。女神的身体、裙衫是用象牙做的，蛇、腰带、臂环、裙子上的装饰条纹则用黄金薄片制成。这一形象完全不同于古埃及或西亚神像的神秘严肃，而仿佛一位世俗的盛装窈窕少妇。在伊拉克利翁考古博物馆有一个赤陶像，制作时间也属于新王宫时期后期，她两手伸开，各抓一蛇，好像在献技或在施行魔法。头顶上蹲伏的一只狮子也属于米诺斯宗教的圣兽。层叠的长裙让人想起18世纪欧洲贵妇人的宴会装束。

克里特人的服装非常独特，创造了和其他古代世界迥异而至今令人惊讶的服饰形态。克里特文明的服装形态经历了从古希腊的优美、简朴，无阶层、无男女之分，走向罗马作为身份地位象征物的转变过程。米诺斯宫殿的壁画揭示一种人们穿的衣服。克里特人常戴一个简单的腰带或短裙，它由羊毛或亚麻制作而成。落在前面的面料上，他们往往饰有几何图案。这种服装形态在古代非常罕见，其形态的成熟度至今依然让人叹为观止。

伊文思发掘出来的克诺索斯（Cnossus）青铜时期壁画，描绘了运动员在牛背上跳跃的情景。另外有许多壁画表现了米诺斯人的生活情景。几千年前留下的彩绘至今未褪，色彩相当鲜艳，颜料都是植物、矿物和骨螺提炼的。其是在泥壁将干未干时挥毫成画的，色彩渗入墙壁，故能经久保存。中心庭院南侧宫墙上有一幅名为《戴百合花的国王》的壁画，画中的国王如真人大小，头戴百合花和孔雀羽毛的王冠，过肩的头发向外飘拂，脖挂金色百合串成的项链，身着短裙，腰束皮带，风度翩翩地向前走去。一幅名为《纤细壁画》的壁画，则在画中央画了几个坐着的宫女，她们神态从容，穿着各色服装，头发迷人地披在肩上，佩戴着项链和头饰，华丽妩媚。

觐见室的壁画是三只鹰头狮身、带有翅膀和蛇尾的怪兽，伏在芦苇中虎视眈眈地看着彼此。据说此怪的头、身、尾分别代表天上、地面、地下的神灵，是克里特人膜拜的图腾。皇后寝宫描绘着舞女和海豚在水中游荡的图画。长廊上有《蓝色的姑娘》《持杯者》《蛇神》等大幅壁画。

有证据表明，战争是他们生活的一个重要部分。国王和贵族训练士兵，音乐家为战争高歌。当战争开始的时候，国王和贵族乘着战车，而普通士兵则步行。他们穿着简单的短裙，依赖其头盔和盾牌保护。头盔通常使用青铜做帽尖和耳片，用流动的马鬃做装饰。国王的头盔最初是由几十个野猪的獠牙并排制成的。战士穿着一套青铜盔甲，沉重而刚性，穿着极度不舒服。盾牌分为不同的类型，有的是由牛皮绷在木框上，有的则是青铜制作而成。盾牌、剑、匕首和其他的武器都装饰得非常漂亮。一把匕首在国王的墓穴中被发现，它用金银打造，纯金的刀柄和刀片，用于在林中狩猎。

第二节　古希腊服饰

公元前 4 世纪的欧洲，处于辉煌的希腊文明时代。古希腊服饰作为这个文明时代的产物，焕发了迷人的光彩。古希腊服饰，造型自然优雅、随意舒展，色彩单纯，格调清新。它所蕴含的包容精神、所遵循的自然健康的穿着理念，对欧洲传统服饰和近代服饰风格的形成产生了重要的影响。可以说，古希腊服饰是西方服装发展进程中的重要里程碑。当今，复古设计成为时尚，选择复古设计的产品成为人们抒发怀旧情绪的一种方式。在众多复古主题的时装设计中，古希腊风格独树一帜，成为设计师钟爱的古典设计元素之一。

一、古希腊服饰风格简述

（一）以披挂式和缠绕式为主，简练、自然、单纯、自由舒展

温暖湿润的地中海气候带来了人们自然随性的生活方式。在其影响下，古希腊服饰造型呈现出简练、单纯、自由、舒展的特点。服装大都不经过剪裁、缝合，人们穿衣服基本上都是拿一种布料在身体上披挂、缠绕、穿插，最后用别饰针和束带固定。这种服装外观独特，看似无形却有形。根据服装不同的外形特征，古希腊服装还可以分为多立安式、希奥尼亚希顿式、克莱米斯式、佩普罗期式、希马申式、克莱米顿式六大风格。无论哪种风格，其构成方式都是披挂或缠绕。

披挂式服装其实就是一块矩形面料，只不过需要借助饰针和绳带在肩部、胸部、腰部等人体的关键部位进行固定。宽大的面料经过绳带的束缚而收缩，并自然垂荡；宽窄不一、形态各异的褶皱随着人体运动而发生变化。披挂式服装设计的精妙之处在于，绳带的根数，系束的位置、方式及其松紧程度可随穿着者的体型、穿着需求而自由调节。

缠绕式服装的代表是“希马申”，它是古希腊男子的主要服饰类型。缠绕式服装的面料通常长 5 米、宽 1.5 米，穿着者把它围裹在自己的身体上。围裹的方式多种多样，根据人体的起伏与运动的需要来定。缠绕式服装有多种款式，自然、随意是极其突出

的特点。

（二）符合黄金分割比例，匀称、协调

早在2500年前，古希腊数学家、哲学家毕达哥拉斯就发现了黄金分割定律。0.618这个比值看似简单，却具有魔幻般的魅力，这一点在科学与美学领域无数次得到了印证。那些精美的建筑以及雕塑、绘画等艺术作品，无一例外，都符合这个比例。在致力于展现人体美的古希腊服饰设计中，黄金分割理论同样得到了广泛的应用。比如男女通用的“多利亚”造型，该型服饰中那向外翻折的复式底边与穿着者的肚脐平齐，正好位于人体的黄金分割点上；在女式服装“雅典娜”中，腰带的设计使用凸显了上下身的比例关系；男子希顿长袍的下摆只到膝部，而腿部的黄金分割点恰恰就位于膝部。还有年轻男子所穿的clays外套，宽1.07米、长1.98米，宽和长的比例也接近黄金分割。如此完美的服饰比例设定来源于古希腊人对客观自然的正确认识与准确把握。

（三）宽松、舒适，表现了对人性的尊重，反映了一种朴素的审美观

丹纳在《艺术哲学》一书中说：“古希腊的服饰穿脱均是很容易的事，举手间便可以完成。它只能勾勒出人体的基本体型，绝不紧裹躯体。”古希腊服饰的构成可以说体现了“以人为本”的设计理念。古希腊人把服装看作人体的附属物，他们认为服装最主要的功能除了御寒和遮体外，就是突出人体本身的美，因此服装要宽松、舒适，给身体提供自由的空间。在古希腊服饰中，鲜见复杂的结构和剪裁缝制工艺。拿整块面料随意缠裹这种着装形式最大限度地满足了人体各种活动的需求，实现了布料与人体、主体与客体、形式与精神的高度契合。古希腊服饰从廓形到细节、从服装到饰品，整体上体现出一种抱素怀朴的审美观。古希腊服装上最精美的饰物就是别针和搭扣，呈现最多的装饰就是自然的垂褶。古典主义所提倡的纯洁、理性的简朴风格在古希腊服饰中得到了完美展现。

（四）以白色基调为主，用色清新淡雅

古罗马著名政治家、哲学家马库斯·西塞罗认为：“适当的比例加上悦目的颜色才能称作美。”古希腊人眼中的“悦目的颜色”为白色。古希腊人最喜欢白色，因为白色象征着纯洁、神圣、高贵，这与希腊哲学与人文精神相符，于是白色成为古希腊服饰的主打色彩。希腊女神都是身着白色曳地长裙出现的。质地细密、悬垂性强的毛织物是制作褶饰服装的主要材料。为了减弱白色所带来的单调感，希腊人会在服装的边沿配以各种鲜亮的颜色，或者用植物、动物、几何图案进行修饰，使服装富于变化，看上去更具个性。除了白色以外，紫色、绿色、灰色在某些服装款式中也有应用。

二、古希腊风格在世界服装发展史中的印迹

“时尚易逝，风格永存。”正如时装设计大师香奈儿所言，古希腊服饰风格所散发出的自由、奔放的艺术魅力和自然、独立、理性的艺术气质，对欧洲乃至世界的服装发展产生了巨大的影响。在各个历史时期，古希腊服饰风格都放射了迷人的光彩。

（一）承袭与发展——古罗马帝国时期

罗马帝国在公元前 2 世纪征服了古希腊，但是古希腊文化并没有因此而断绝。在服饰上，古罗马沿袭了古希腊的基本风格和形式，并在此基础上有所创新和发展。

罗马人的主要服饰“托加”和“克拉米斯斗篷”，其前身就是古希腊服饰中的“希马申”和“希顿”。古罗马的服装构成也是披挂式和缠绕式，也是将一整块面料附着于人体，也有垂荡的皱褶与宽松的结构，也要裸露肌肤，就是说，古罗马服饰的特点与古希腊服饰一一对应。当然，古罗马人也结合时代要求，在承袭古希腊服饰风格的基础上对其进行了改良与发展。古罗马时期，盛行经过简单剪裁的贯头型服饰，如“佩奴拉”，这是其一；其二，奢华服饰出现，穿着者以此来显示自己的身份与地位。

（二）复兴——18 世纪末 19 世纪初

17 世纪的欧洲王室盛行巴洛克风格的服装，18 世纪盛行洛可可风格的服装。这些服装的一个共同点是极度奢华，修饰繁缛、夸张，统治者想以此来显示自己的高贵。王室贵族的着装习惯也影响了民间，人们在穿衣上追求繁复、华丽。随着法国大革命的到来，封建专制制度被废除，自由民主平等的思想深入人心。心灵得到解放的人们渐渐厌弃了束缚身心的衣裙，转而追求自然朴素的着装。于是，简洁、典雅的古希腊服饰风格重新回到人们的生活中。18 世纪中期，新古典主义服饰风格在古希腊风格的基础上兴起，包含众多古希腊服饰元素的新的服装形式应运而生，简单利落的款式、清新淡雅的色彩、自然流畅的线条成为服装设计的主流。新古典主义服饰理念推崇古希腊服饰风格中所蕴含的“庄重与宁静，简练与人性”，其倡导的精神是对巴洛克与洛可可风格的强烈反叛。

（三）主宰——20 世纪初

20 世纪初，在“回到自然去”思潮的影响下，服装设计师们又一次驻足在古希腊服饰风格前。法国时装设计师波阿列特将古希腊服饰风格与东方服饰风格融合在一起，设计出了一款宽松顺垂的希腊式长裙，受到了新女性的欢迎。该设计完全摒弃了紧身胸衣、裙撑以及繁复的装饰，突出了对身体的解放，迎合了女性对舒适感的追求。玛利亚诺·佛图尼设计了一款简洁的晚装，风靡一时，其设计灵感就来自古希腊服饰“基同”。简 · 帕昆夫人紧随其后，也推出了具有东方情调的系列设计。维奥尼特夫人从古希腊服饰造型方法中得到启发，发明了著名的斜裁法。运用该方法制作的服装自然、柔和，能够产生与古希腊服饰同样的效果。毫不夸张地说，20 世纪初，整个欧洲都成了古希腊风格服饰的秀场。

（四）大放异彩——20 世纪七八十年代

20 世纪七八十年代，日本设计师在国际服装界迅速崛起。他们以让人们返璞归真的心理需求为出发点，提出了追求原生态、纯自然，反对精致裁剪、人为造型的“反时装”设计主张。他们的设计融合了古希腊服装披挂、缠绕的穿着方式与日本和服宽松、舒展的结构，采用棉麻面料制作的服装上显露出大量自由而柔软的衣褶，整个服装体现出一种人衣合一的禅意。

（五）再次复兴——21 世纪

2004 年，第 28 届夏季奥运会在希腊雅典开幕，奥运圣火重回故里，爱琴海的浪漫气息和希腊的古代文明再次成为世界瞩目的焦点。2006 年，在春夏国际服装流行趋势发布会上刮起了一股希腊风。希腊式的飘逸长裙，新古典主义的低领口和高腰线设计，石膏白和其他淡雅颜色的纯色丝绸，衣袂飘飘，风情万种，一派希腊景致。2008 年，在华伦天奴的高级时装秀中，希腊女神的浪漫和优雅得到了完美的重现。精致的打褶、完美的高腰线分割、亮闪闪的水晶珠片，这一切都显露出不可抗拒的独特魅力。

三、古希腊服饰元素在现代服装设计中的创新性应用

（一）将披挂、缠绕工艺手法应用于礼服的设计与制作

在礼服设计中，局部的立体花饰、堆积的褶皱、不对称的结构和整体的垂荡效果必不可少，因为这些元素可以突出礼服的华丽与高贵。近年来，在礼服的局部设计与制作以及整体造型中，设计师常常采用古希腊服饰构成中的披挂、缠绕工艺手法。采用披挂和缠绕工艺手法，利用多种材质，可以塑造出变幻多姿的艺术形态。披挂和缠绕方法的运用丰富了礼服的设计手法。

（二）将古希腊服饰风格与异质风格融合在一起

1. 与东方风格融合

典型的古代东方服饰是宽衣，而不是披挂和缠绕。但是，其中所蕴含的回归自然、亲近自然的精神主旨与希腊服饰所追求的精神境界异曲同工。因此，将古希腊服饰风格与东方风格融合在一起是可行的。采用这种方法设计出的服装，应有宽松的衣身和衣袖，有扩展的肩部，有东方的刺绣或古希腊服饰中惯用的碎褶。这样设计出的服装兼有东方传统服饰的超然飘逸与古希腊服饰的浪漫舒展，定会产生浑然天成的艺术效果。

2. 与现代风格融合

部分现代服装设计师运用后现代设计手法，对古希腊服饰进行解构和元素重组，然后融入现代流行元素、结合现代服装形制，打造出了全新的希腊风格。比如，约翰·加利亚诺就将折纸艺术和立体几何的硬挺造型融入了古希腊柔软舒展风格的服饰设计中，打造了软与硬对比、古与今碰撞的艺术效果。该设计产生了强烈的视觉冲击。

古希腊服饰是服装史上的一个经典，其设计与制作手法穿越时空，至今仍具有旺盛的生命力。无论是它舒展、随意的造型风格，还是它所彰显的自由、平等、宽容的精神，都已融入现代服装设计中，成为现代服装设计的宝贵财富。在服饰风格多元化、服装设计个性化的 21 世纪，古希腊服饰艺术风格定能放射出更加耀眼的光华。

第三节　古罗马服饰

一、古罗马服装的类型和特征

古希腊是古典文明的楷模，古罗马继承了古希腊文明后，大范围地向世界传播。古罗马服装在古希腊服装单纯、典雅、朴素的基础上多出了崇高、庄重感，成为身份和地位的象征。这一时期的服装由羊毛、亚麻、棉花和丝绸面料制成，色彩单纯。贯头形内衣和缠绕式外衣的组合是基本形制，缠绕形式与悬垂性褶皱服装发展到顶峰。服装表现为宽松和暴露身体。丘尼卡（Tunica）和托嘎（Toga）是古罗马服装的基本形制。

丘尼卡是由古希腊的爱奥尼亚式希顿演变而来的，是古罗马人平时的简装，穿着于托嘎之内。丘尼卡成宽敞的筒形，结构简单，由两片面料剪裁成“十”字形后中间挖洞，然后对折缝合而成。托嘎由古希腊的希玛纯演变而来，面料由矩形变为半圆形，面积较大，包缠方式与希玛纯相似。它是一种因身材不同形状也不一的蜷身衣，随身体尺寸的变化，着装效果不同。

二、古罗马服装是自然、简约、和谐美的体现

古罗马服装面料取自自然，以棉、麻、毛为主，质地柔软，色彩自然，吸湿透气性良好，面料缠绕包裹后随人体结构自然下垂产生的大量悬垂性褶皱，随人体动作会产生无穷变化，自然随意；通过服装，人们回归到了自然的生活状态，无处不体现出自然之美。服装提倡简约反对繁杂，款式简洁，廓形单一，多使用长方形布料不经剪裁、缝纫在人体上披挂、缠绕系扎；多为白灰色，色彩单纯，无图案装饰，穿脱方式简单，是简约美的体现。内件披挂式与外件缠绕式组合，人体姿态与流动的衣褶相互映衬，形成了曲直、疏密、大小对比，富有节奏韵律感，将人体置于最自然放松的状态中，彰显出和谐之美。古罗马服装在整体与局部、局部与局部的构成关系中，透出自然、简约、和谐之美。

参考文献

[1] 张竞琼，蔡毅 . 中外服装史对览 [M]. 上海：东华大学出版社，2000：6.

[2] 袁仄 . 胡月百年衣裳：20 世纪中国服装流变 [M]. 北京 . 生活·读书新知三联书店，2010：8.

[3] 范滢 . 十八世纪中西服饰风格之比较 [J]. 常州技术师范学院学报，2001(1)：88-90.

[4] 袁仄 . 中国服装史 [M]. 中国纺织出版社，2005(10)：115-136.

[5] 孙运飞 . 历朝历代服饰（下）[M]. 化学工业出版社，2010(12)：125-214.

[6] 袁仄 . 中国服装史 [M]. 中国纺织出版社，2005(10)：115-136.

[7] 刘菲 . 清前期皇室及贵族服饰研究 [D]. 山东大学，2014.

[8] 金笛，徐东 . 中西服装文化中审美取向对女装造型的影响 [J]. 广西轻工业，2009(10)：97-98，110.

[9] 刘亚平 . 对中西服装显性因素的符号化功能解读 [J]. 纺织科技进展，2010(0)：85-89.

[10] 郭俊彩 . 中西服装审美意象比较 [J]. 美与时代（上），2011(09)：46-47.

[11] 屠恒贤 . 中西服装文化比较研究 [J]. 上海师范大学学报（哲学社会科学版），2004(2)：111-115.

[12] 汤爱青 . 论中西文化与服装差异 [J]. 装饰，2004(9)：8-9.

[13] 韩天爽 . 中西服装文化征貌之解读 [J]. 长春工程学院学报（社会科学版），2008(4)：57-59.

[14] 姚文婷 . 中西服装美学旨趣之韵差比较 [J]. 吉林艺术学院学报，2008(6)：74-78.

[15] 郭丰秋，黄李勇 . 中西服装设计师对旗袍元素的应用比较分析 [J]. 美与时代（上），2015(2)：79-81.

[16](日) 田中天 . 图说中世纪服装 [M]. 汕头：汕头大学出版社，2006.

[17] 肖素萍 . 浅析服装设计中哥特风格艺术的运用 [J]. 包装世界，2015(6).

[18] 沈从文 . 中国服饰史 [M]. 西安：陕西师范大学出版社，2004.

[19] 郑寒. 论中西方文化在服饰设计中的表现 [J]. 东华大学学报，2001(1)：62-64.

[20] 明卫红. 中西方色彩观的文化比较研究 [J]. 艺术百家，2010(8)：65-67，116.

[21] 张志春．中国服饰文化 [M]．北京：中国纺织出版社，2001．

[22] 周跃西．解读中华五色审美观 [J]．美术，2003(11)：124-127．

[23] 余莉，龙丽娟．中西方颜色的象征意义对比研究 [J]．学术论坛，2006(8)：207-208．

[24] 谢时光．色彩理论体系的历史发展概述 [J]．美与时代，2012(8)：36-37．

[25] 晓青．高级灰鼻祖 [J]．中国服饰，2017(9)：56-58．

[26] 郭雯．莫兰迪绘画的形式与色彩研究 [J]. 艺术评鉴，2017(9)：44-46.

[27] 陈加好．服装色彩影响因素研究 [J]．毛纺科技，2017，45(6)：53-55．

[28] 吉承．再定义中国设计 [J]. 中华手工，2017(6)：109.

[29] 兰玉 LANYU. 苏绣上交织爱与美的极致 [J]. 中华手工，2018(1)：122.

[30] 伍曦．中国风在现代西方服装设计中的应用与启示 [J]．山东纺织经济，2010(11)：74-75，78．

[31] 朱建华．论现代色彩的审美价值和色彩创意思维的拓展 [J]．宁波大学学报，2005(5)：151-153．

[32] 杨程．浅谈极简主义服装风格的延展与变化 [J]．山东纺织科技，2010(1)：39-41．

[33] 张旭兰．经济因素对服装流行色趋势影响的实证研究 [D]. 北京：北京服装学院，2017.